셀프트래블

남미 5개국

KB189799

상상출판

셀프트래블

남미 5개국

초판 1쇄 | 2024년 10월 31일

글과 사진 | 한동철, 이가영, 조하늘, 김하연

발행인 | 유철상
편집 | 김정민, 김수현
디자인 | 노세희, 주인지
마케팅 | 조종삼, 김소희
콘텐츠 | 강한나

펴낸 곳 | 상상출판
주소 | 서울특별시 성동구 뚝섬로17가길 48, 성수에이원센터 1205호(성수동 2가)
구입 · 내용 문의 | **전화** 02-963-9891(편집), 070-7727-6853(마케팅)
팩스 02-963-9892 **이메일** sangsang9892@gmail.com
등록 | 2009년 9월 22일(제305-2010-02호)
찍은 곳 | 다라니
종이 | ㈜월드페이퍼

※ 가격은 뒤표지에 있습니다.

ISBN 979-11-6782-210-9 (14980)
ISBN 979-11-86517-10-9 (SET)

www.esangsang.co.kr

셀프트래블

남미 5개국
Latin America

한동철 · 이가영 · 조하늘 · 김하연 지음

어른들의 우아한
남미 여행

어린왕자의
작은별
여행사

상상출판

페루 마추픽추

볼리비아 우유니 소금사막

이과수 폭포

파타고니아 모레노 빙하

Prologue

팬데믹 이후, 전 세계가 다시금 여행의 즐거움을 되찾고 있습니다. 긴 시간 동안 자유로운 여행이 제한되었던 만큼, 이제 많은 사람이 미지의 대륙으로 떠나려는 열망을 품고 있습니다. 그중에서도 대한민국에서 가장 먼 남미는 그 신비롭고도 경이로운 풍경으로 여행자들의 버킷리스트에 오르고 있습니다.

우리나라 사람들에게 남미라는 땅은 지구 반대편에 있는 곳이지만, 바로 그 거리가 남미를 더욱 특별하게 만듭니다. 안데스 산맥의 웅장한 자연, 하늘과 땅이 이어진 우유니 거울 사막, 마추픽추 같은 고대 문명의 신비로움이 가득한 남미는 다른 어느 곳에서도 경험할 수 없는 다채로운 감동이 기다리고 있습니다.

대한민국에서는 고령화 사회로의 진입과 함께 은퇴자들이 늘어나고 있습니다. 이제 많은 이들이 인생의 새로운 장을 시작하며, 은퇴 후의 시간을 더욱 의미 있게 보내고자 합니다. 이런 변화 속에서 작은별여행사는 어른들의 눈높이와 체력에 맞춘 남미 여행 프로그램을 제공하며 남미 여행 송출 1위 여행사 타이틀을 유지하고 있습니다. 저희의 슬로건인 '어른들의 우아한 여행'은 그동안 열심히 살아온 어른들이 여행을 통해 제2의 인생을 계획하는 데 용기와 꿈을 주고 싶다는 의미를 담고 있습니다.

요즘 시중에는 남미 여행을 주제로 하는 가이드북이 부족한 실정입니다. 남미에 대해 가장 해박한 전문성을 가지고 있는 저희는 한국에 남미를 깊이 있고 친절하게 소개하고자 책임감을 느끼며 가이드북 집필을 시작했습니다. 어른들이 남미에서 단순한 관광 이상의 경험을 할 수 있도록 세심한 배려를 아끼지 않았습니다. 남미 여행은 자연과 문화를 탐방하는 것뿐만 아니라, 지나온 삶을 돌아보는 전환점이 될 것입니다. 어른들의 은퇴 후 삶에 대한 고민과 새로운 미래에 대한 설계를 남미 여행을 통해 그려나가길 기대하며 이 책을 만들었습니다.

어른들이 우아하게 여행할 수 있도록 수많은 노력을 기울여 온 작은별여행사는 이 책을 통해 남미 여행의 가치를 더 널리 알리고자 합니다.

저희는 어른들의 우아한 여행을 도움으로써 어른들이 남미 여행을 통해 긍정적인 에너지를 받아오길 기대하며 그 에너지가 대한민국에도 전달되길 희망하고 있습니다. 이 책을 펼친 이 순간에도 즐거운 상상만 가득하길 바라며 어른들의 우아한 남미 여행을 응원합니다.

2024년 10월,
작은별여행사 남미 수배팀
한동철 · 이가영 · 조하늘 · 김하연 올림

Contents
목차

Mission in Latin America

Enjoy Latin America

Step to Latin America

Self Travel Latin America
일러두기

❶ 주요 지역 소개

『남미 5개국 셀프트래블』은 남미의 페루, 볼리비아, 칠레, 아르헨티나, 브라질까지 주요 5개국을 다룹니다. 지역별 주요 스폿은 관광명소, 식당 순으로 소개하고 있습니다. 또한 각 관광명소에서 체험할 수 있는 투어 정보를 다양하게 다루고 있습니다.

❷ 철저한 여행 준비

<u>Mission in Latin America</u>   남미 5개국에서 놓치면 100% 후회할 볼거리, 음식, 쇼핑 아이템 등 재미난 정보를 테마별로 한눈에 보여줍니다. 여행의 설렘을 높이고, 필요한 정보만 쏙쏙! 골라보세요.

<u>Step to Latin America</u>   남미 5개국 여행을 계획하며 짐 싸는 법 등 남미 한붓그리기 28일을 떠나기 전 알아두면 유용한 여행 정보를 모두 모았습니다. 차근차근 설명해 남미에 처음 가는 사람도 어렵지 않게 준비할 수 있습니다.

❸ 알차디알찬 여행 핵심 정보

<u>Enjoy Latin America</u>   본격적인 스폿 소개에 앞서 남미 5개국 각 나라를 소개하고, 환율, 물가, 문화, 교통 정보 등을 제시합니다. 이후 주요 지역 지도와 추천 일정, 이동 동선을 한눈에 알 수 있도록 배치했습니다. 다음으로 주요 명소와 음식점을 주소, 위치 등 상세정보와 함께 수록했습니다. 알아두면 좋은 Tip과 다양한 투어 정보도 가득합니다.

❹ 원어 표기

최대한 외래법을 기준으로 표기했으나 몇몇 지역명, 관광명소와 업소의 경우 현지에서 사용 중인 한국어 안내와 여행자에게 익숙한 단어를 택했습니다.

❺ 정보 업데이트

이 책에 실린 모든 정보는 2024년 10월까지 취재한 내용을 기준으로 하고 있습니다. 현지 사정에 따라 요금과 운영시간 등이 변동될 수 있으니 여행 전 한 번 더 확인하시길 바랍니다.

❻ 지도 활용법

이 책의 지도에는 아래와 같은 부호를 사용하고 있습니다.

주요 아이콘
Ⓗ 호텔, 호스텔 등의 숙소
Ⓢ 쇼핑몰, 백화점 등의 쇼핑 장소
Ⓡ 카페, 레스토랑 등 식사를 할 수 있는 곳
Ⓜ 지하철역
ⓘ 관광안내소
Ⓑ 은행

기타 아이콘
✚ 병원 ✈ 공항 🚂 기차역 🚌 버스정류장
⚓ 항구 ✉ 우체국

남미, 어디까지 가봤니?

남미는 남반구에 위치한 대륙으로, 세계에서 다섯 번째로 많은 인구를
보유하고 있다. 그러나 인구 밀도는 지역에 따라 크게 다르며, 특히 아마존 열대 우림과 안데스산맥 같은
광대한 자연 지역에는 인구가 드문 반면, 브라질의 리우데자네이루나 아르헨티나의 부에노스아이레스 같은
대도시에는 많은 인구가 밀집해 있다. 시간대는 북부와 남부에 따라 차이가 있지만, 대체로 한국과 12시간
정도의 시차가 있다. 남반구에 위치한 만큼, 계절도 한국과 반대로 겨울이 여름이고 여름이 겨울이다.

베네수엘라

콜롬비아

에콰도르

페루

리마 ❶

❷ 쿠스코

❸ 라파즈

볼리비아

❹ 우유니

브라질

❿ 리우데자네이루

❾ 이과수

산티아고 ❺

❽ 부에노스아이레스

아르헨티나

칠레

엘 칼라파테 ❻

우수아이아 ❼

페루의 수도이자 남미의 대표 도시

❶ 리마 Lima

페루의 수도로, 태평양 해안에 위치한 대도시다. 역사적으로 스페인 식민지 시절의 중심지로, 화려한 식민지 건축물과 현대적 도시가 조화롭게 서 있다. 맛있는 페루 요리와 함께 다인종 국가의 활력 있는 분위기를 즐길 수 있다.

잉카 문명의 중심, 마추픽추로 가는 관문

❷ 쿠스코 Cusco

안데스산맥에 위치한 고대 잉카 제국의 수도로, 유네스코 세계 문화유산으로 지정된 도시이다. 쿠스코는 마추픽추로 가는 관문이자, 잉카의 흔적을 곳곳에서 느낄 수 있는 역사적인 공간이며, 스페인 식민지 건축과 어우러진 다양한 색깔의 예쁜 도시이다.

하늘과 가장 가까운 도시

❸ 라파즈 La Paz

해발 약 3,650m에 위치해 있으며, 세계에서 가장 높은 수도로 알려져 있다. 안데스산맥의 아름다운 풍경을 배경으로, 독특한 지형에 자리 잡은 이 도시에서는 어디서나 고개를 들면 보이는 케이블카가 사람들의 대중교통이다.

세상에서 가장 큰 소금사막

❹ 우유니 Uyuni

세계에서 가장 큰 소금 평원으로, 끝없이 펼쳐진 하얀 대지와 맑은 하늘이 만나는 신비로운 자연 풍경을 볼 수 있다. 비가 온 후에는 하늘이 지면에 반사되어 '거울 사막'이라고도 불리며, 살아생전 꼭 가봐야 하는 명소로 알려져 있다.

칠레의 수도이자 경제, 문화의 중심지

❺ 산티아고 Santiago

안데스산맥의 기슭에 위치해 있으며, 도시 곳곳에서 장대한 산맥의 경관을 감상할 수 있다. 칠레의 경제, 문화, 정치의 중심지로, 고층 건물과 함께 역사적인 건축물이 어우러져 있다. 또한, 가까운 발파라이소와 함께 와인의 명소로도 유명하다.

얼음의 대륙, 파타고니아의 관문

❻ 엘 칼라파테 El Calafate

세계적인 빙하 관광지인 페리토 모레노 빙하로 가는 관문이다. 파타고니아의 아름다운 자연 경관 속에서 맑고 신선한 공기와 대자연 속에서 추억을 만들 수 있다.

세계의 끝, 남극으로 가는 관문

❼ 우수아이아 Ushuaia

'세계의 끝'으로 불리며, 남극으로 가는 주요 기항지다. 전 세계 관광객이 찾아오지만, 마을 크기는 상당히 아담하다. 비글해협에서 해양 동물을 접하거나, 아기자기한 기차를 타고 자연 속의 야생 동물을 만날 수 있다.

아르헨티나의 수도, 남미의 파리

❽ 부에노스아이레스 Buenos Aires

남미의 파리로 불리며, 화려한 유럽풍 건축물과 탱고 음악의 본고장으로 유명하다. 탱고 쇼를 감상하거나 예술 갤러리를 둘러보며 다양한 문화 체험을 할 수 있으며, 맛있는 스테이크와 와인도 빠질 수가 없다.

세계에서 가장 장엄한 폭포

❾ 이과수 Iguazú

세계에서 가장 큰 폭포 중 하나로, 웅장한 자연의 경이로움과 마주할 수 있는 곳이다. 다양한 야생동물과 식물들도 서식하고 있으며, 폭포의 거대한 규모와 힘으로 남미에서 가장 깊은 인상을 남기는 자연 명소다.

삼바와 카니발의 도시, 브라질의 상징

❿ 리우데자네이루 Rio de Janeiro

브라질의 대표 도시로 아름다운 해변, 코르코바도 산 위의 거대한 예수상, 그리고 매년 열리는 카니발로 유명하다. 삼바 음악과 춤의 고향으로, 리우의 활기찬 에너지는 많은 사람을 매료시킨다.

미리 만나는 남미

지구 반대편에 위치한 남미는 어떤 곳일까?
남미에 대해 간략하게 알아보도록 하자.

✳ 남미의 지리적 위치

남미는 지구 반대편에 위치한 대륙으로, 대서양과 태평양 사이에 놓여 있다. 총면적은 약 1,780만 ㎢로, 지구 면적의 약 12%를 차지하고 있다.

✳ 남미의 국가들

남아메리카 대륙에는 브라질, 아르헨티나, 페루, 볼리비아, 칠레, 콜롬비아, 베네수엘라, 에콰도르, 파라과이, 우루과이, 가이아나, 수리남, 프랑스령 기아나 총 13개의 국가가 있다.

✳ 문화적 다양성

남미는 식민지 시대를 겪은 결과 다양한 인종과 문화가 공존하고 있다. 주로 유럽의 스페인과 포르투갈 식민지였기에 많은 유럽계 이민자들이 남미에 정착해 자신들의 언어와 문화를 전파했다. 또한, 아프리카 대륙에서 수많은 노예가 유입되어 그들의 문화적 요소도 남미 사회에 통합되어 문화적 다양성을 더욱 풍부하게 만들었다. 식민지 시대를 거치면서 남미는 다양한 출신지의 인종이 공존하며, 그 결과로 매우 다채로운 문화적 유산을 형성하게 되었다.

✱ 남미의 종교

남미는 주로 가톨릭 신앙을 따르는 국가들이 대부분이다. 스페인과 포르투갈의 식민지 시대를 거치면서 가톨릭이 널리 전파되었으며, 현재도 많은 사람이 가톨릭 신앙을 유지하고 있다. 그 외에도 개신교, 원주민 신앙, 아프리카 전통 종교 등이 혼재되어 있다.

✱ 남미의 인구

남아메리카의 인구는 약 4억 3천만 명으로, 전 세계 인구의 약 6%를 차지하고 있다. 그중에서도 가장 인구가 많은 나라는 브라질로 약 2억 1천 명이 거주하고 있다.

✱ 남미의 경제

남아메리카의 경제는 농업, 광업, 서비스업, 무역 등 다양한 산업과 활동으로 구성되어 있다. 브라질, 아르헨티나, 콜롬비아 등의 국가에서는 커피, 대두, 옥수수, 사탕수수 등의 주요 농산물이 생산되며, 칠레의 구리, 브라질의 철광석, 베네수엘라의 석유 등 광물 자원역시 풍부하다. 남미 내에서 최근 몇 년간 서비스업과 관광업이 성장하면서 경제에 중요한 부분을 차지하고 있으며, 중국, 미국, 유럽 연합 등과의 무역도 활발하다. 지역 내 무역 협정도 활발히 체결되어 경제적 통합을 도모하고 있다.

알고 보면 더 재밌는 남미 상식

우리는 남미에 대해서 얼마나 알고 있을까? 아는 만큼 보인다!
남미로 떠나기 전! 흥미롭고 재밌는 남미의 상식을 함께 알아보도록 하자.

✳ 날씨가 다양해요

남미는 대륙이 넓은 만큼 다양한 기후와 자연환경을 갖추고 있다. 예를 들어, 브라질의 아마존 지역은 연중 고온다습한 기후인 반면에 칠레의 사막 지역은 세계에서 가장 건조한 지역 중 하나로, 몇 년에 걸쳐 비가 한 방울도 내리지 않는 곳도 있다. 안데스산맥과 같은 고산지대는 기온이 낮고 바람이 강하게 부는 고산 기후이다. 또한, 아르헨티나의 파타고니아 지역은 바람이 센 편이며, 남극과 가까워 한여름에도 서늘한 기온을 유지한다. 이러한 기후의 다양성 덕분에 남미 여행을 계획할 때는 각 지역의 기후를 미리 확인하고 준비하는 것이 중요하며 다양한 자연환경을 경험할 수 있어 여행의 즐거움을 배가시켜 준다.

✳ 다양한 언어를 사용해요

남미 대부분의 국가는 스페인어를 공식 언어로 사용하지만, 나라마다 발음과 표현이 조금씩 다르다. 브라질은 포르투갈어를 공용어로 사용하며 이 외에도 인디오 언어인 케추아어, 아이마라어와 같은 원어민어가 아직도 사용되고 있다.

✳ 전통 춤과 음악이 다양해요

남미 각국은 독특한 전통 춤과 음악 문화를 가지고 있다. 예를 들어, 아르헨티나는 세계적으로 유명한 탱고의 발상지로, 부에노스아이레스 길거리에서 종종 탱고 공연을 감상할 수 있다. 브라질에서는 삼바와 보사노바가 유명하며, 매년 리우 카니발에서는 화려한 삼바 퍼레이드를 볼 수 있다. 페루와 볼리비아에서는 안데스 지역의 전통 음악과 춤이 발달해 있다. 이러한 문화적 표현들은 축제와 일상에서 자주 살펴볼 수 있다. 지역마다 각양각색의 풍부한 문화유산으로 지루할 틈이 없을 것이다.

✳ 유네스코 세계 유산이 많아요

남미는 많은 유네스코 세계 유산을 보유하고 있다. 페루의 마추픽추는 해발 약 2,430m 높이에 위치한 잉카 문명의 잃어버린 도시로, 탁 트인 산악 경관과 석조 건축물이 경이롭다. 브라질과 아르헨티나 국경에 걸쳐 있는 이과수 폭포는 275개의 폭포로 이루어져 장관을 이루며, 물줄기와 무지개의 아름다움이 압도적이다. 볼리비아의 티와

나쿠 유적지는 고대 안데스 문명의 건축 기술과 사회 구조를 엿볼 수 있는 중요한 유적지이다. 또한, 아르헨티나의 모레노 빙하 국립 공원은 장엄한 빙하와 산악 경관으로 유명하며, 빙하의 붕괴 장면을 볼 수 있는 명소이다. 이러한 유산들은 남미의 풍부한 역사와 자연의 아름다움을 잘 보여준다.

✱ 커피가 맛있어요

브라질은 남미 최대의 커피 생산국으로, 전 세계 커피 생산량의 약 30%를 차지하고 있다. 브라질 커피는 풍부한 보디감과 초콜릿 향으로 유명하며 '카페지뉴Cafezinho(작고 진한 에스프레소)'를 즐기는 문화가 발달해 있다. 페루는 유기농 커피로 유명한데 페루의 고지대에서 재배된 커피는 깨끗하고 선명한 맛을 자랑해 그린 커피 빈으로 수출되어 세계 각지에서 로스팅 되어 소비되고 있다. 아르헨티나는 마테차로 유명하지만 '카페 콘 레체café con leche(우유를 곁들인 커피)'를 자주 즐긴다. 이 외에도 남미 전역에는 다양한 종류의 커피를 즐길 수 있으므로 여행 중 나라마다 특색 있는 커피를 즐겨보는 것을 추천한다.

✱ 세계에서 가장 긴 산맥이 있어요

남미에는 세계에서 가장 긴 산맥인 안데스산맥이 있다. 이 산맥은 약 8,900km에 걸쳐 남미 대륙의 북쪽 콜롬비아부터 남미의 칠레와 아르헨티나까지 이어지며, 7개국을 가로지른다. 안데스산맥은 그 어느 곳보다 다양한 생태계와 독특한 지형으로 이루어져 있어, 전 세계 산악가들이 찾아오는 곳이다.

남미에 대해 알고 싶은 8가지

지구 반대편 미지의 세계인 남미! 여행을 떠나기 전 사람들의 많은 궁금증을 자아낸다.
여기, 남미 여행을 준비하는 사람들이 가장 많이 묻는 질문을 한곳에 모두 모았다.

Q1 남미를 여행하기에 가장 좋은 시기는 언제인가요?

남미 대륙 전체를 여행하기 가장 좋은 시기는 우리나라 겨울철이다. 이 시기에는 남미 대부분의
지역이 날씨가 온화하고 여행하기에 적합하다. 다만, 남미는 대륙이 넓어 기후대가 지역별로 다양
하므로 방문하려는 지역의 기후를 미리 확인하는 것이 좋다. 보통 성수기는 9월부터 3, 4월까지.
12~2월 우기에는 물 찬 우유니를 감상할 수 있고, 9~11월, 3~4월은 봄, 가을 날씨를 느끼며 맑
은 날 마추픽추를 볼 수 있는 확률이 높다.

Q2 남미 여행 중에 필요한 비자는 어떤 것이 있나요?

페루, 볼리비아, 칠레, 아르헨티나, 브라질 5개국 중 유일하게 볼리비아만 비자가 필요하다. 비자
는 주한 볼리비아 대사관에서 직접 신청하거나 국내 비자 신청 대행 업체를 통해, 또는 볼리비아
도착 시 공항에서 도착 비자를 발급받는 방법이 있다.

Q3 황열병 예방 접종이 필수인가요?

라파즈, 우유니만 방문 시 황열병 접종은 필수가 아니다. 또한, 황열병 접종 증명서 없이도 볼리비
아 비자 발급이 가능하다. 하지만 만약 아마존 지역을 방문할 계획이 있다면 황열병 예방 접종을
잊어선 안 된다.

Q4 고산병을 예방할 방법이 있을까요?

평소보다 물을 많이 마시고, 천천히 걸으며 무리한 운동을 피해야 한다. 흡연과 음주
는 무조건 삼가는 것이 좋다. 한국에도 고산병 약이 있지만 남미 현지에서 구매하는
약이 효과가 훨씬 더 좋기 때문에 남미에 도착한 후 직접 구매하는 것이 좋다. 체력을
보충하고자 식사를 든든하게 한다면 오히려 좋지 않으니, 약간 부족한 듯 적은 양으로
천천히 식사하도록 하자.

Q5 옷은 어떻게 챙겨 가면 좋을까요?

남미는 지역마다 기후가 다르지만 일반적으로 일교차가 심하기 때문에 얇은 옷을 여러 겹으로 입는 것을 추천한다. 그리고 남미는 햇빛이 매우 강하므로 자외선 차단제와 모자도 필수이다.

Q6 캐리어와 배낭 중 어떤 것이 좋을까요?

바퀴가 달린 캐리어가 이동 시 더 편리하다. 다만 엘리베이터가 없는 숙소가 간혹 있으므로 크기가 너무 크지 않고 스스로 들고 계단을 올라갈 수 있는 정도로 짐을 꾸리는 것이 좋다. 여행 중 짐이 늘어날 수 있다는 가능성을 고려해 짐을 싸야 한다.

Q7 인터넷 사용은 어떻게 해야 하나요?

유심보다는 로밍을 추천한다. 통신사마다 한 달짜리 패키지로 된 로밍 상품을 이용할 수 있다. 볼리비아는 한국에서 로밍을 해도 제대로 작동하지 않는 경우가 많다. 현재 우유니에서 유일하게 신호가 잡히는 KT 통신사 또한 우유니 고원 지대, 파타고니아 지역에서는 잘 터지지 않는다. 그러나 긴급 연락을 위해서라도 로밍은 반드시 해 가는 것이 좋다.

Q8 영어로 소통이 가능한가요?

남미의 주요 관광지에서는 영어로 소통이 가능하다. 관광객들이 많이 찾는 호텔이나 레스토랑은 영어로 소통이 가능하므로 걱정하지 않아도 된다. 다만, 도시마다 영어 사용이 제한적일 수 있으므로 기본적인 스페인어나 포르투갈어를 익히고 가는 것이 유용할 수 있다. 간단한 질문 혹은 대화를 현지어로 하고 싶다면 파파고 번역 앱을 사용하는 것을 추천한다.

남미 한붓그리기, 28일

남미는 지리적으로 방대하고 다양한 문화를 가진 지역이다.
한 번의 여행에서 너무 짧은 시간에 몇몇 군데만 들르고 오기는 아쉬울 뿐더러
숨 가쁜 이동 소요에 고된 도전이 될 것이다. 여행 기간이 너무 길어도 문제다.
검증 없이 퍼진 소문으로 들은 이곳저곳의 장소들을 일정에 모두 넣다 보면
한 달 이상의 긴 여정이 되는데, 시간과 비용의 부담이 만만치 않다.
여기 현존하는 최고의 남미 여행 코스를 소개한다.

✖ 최선의 이동 수단 선택!

이동 수단은 여행에서 가장 중요한 요소다. 그동안 많은 남미 여행 일정들이 야간 버스를 이용해 왔는데, 저렴하지만 시간이 오래 걸리고, 소매치기 같은 안전 문제에서 자유로울 수 없다. 이 넓은 대륙을 다니기 위해선 버스 안에서 인내의 시간을 보내는 것보단 비행기를 최대한 이용하는 것이 시간도 절약하고 체력도 아낄 수 있기 때문에 좋다.

✖ 진입을 어디로?

시중에 판매하는 패키지 상품은 남미에 진입할 때 대륙의 동쪽인 브라질로 진입하고 후반부에 볼리비아와 페루를 지나며 여정을 끝낸다. 이는 초반에는 시차 적응으로 힘들고 후반에는 고산 증세 때문에 계속해서 괴로움을 동반하는 일정이다. 이 일정을 많이들 택하는 이유는 페루와 볼리비아의 항공사와 정치 상황이 워낙 변수가 많기 때문에, 중간에 문제가 생기면 뒤 구간 일정을 언제든 포기하고 한국으로 바로 돌아올 수 있게 하는 옵션을 가지기 위해서다.

남미 한붓그리기 28일은 페루로 먼저 남미 대륙에 진입해 아직 시차 적응이 되지 않을 때 고산을 겪게 하는데, 이는 두 번 고생할 것을 한 번으로 줄이는 것이다. 초반에는 꿈을 꾸는 듯이 마추픽추와 우유니의 거울 사막을 지나간다. 여행의 중반 칠레에서 체력을 다시 회복하고 파타고니아와 이과수를 느긋하게 유람하며, 리우로 나가 여행을 마무리한다.

✖ 누구나 남미를 꿈꿀 수 있다!

대도시처럼 호텔 시설이 좋은 곳에서는 연박을 통해 중간중간 체력 보충을 해주어야 여행 내내 산뜻한 컨디션으로 풍경을 즐길 수 있다. 남미 여행을 즐기고자 하는 어른들의 체력을 고려해 항공 이동과 호텔 연박을 편성하면서도, 남미의 핵심 방문지를 모두 포함하는 군더더기 없는 완벽한 일정이 바로 '남미 한붓그리기, 28일'이다.

남미에서
꼭 해봐야 할 모든 것

Mission in Latin America

남미의 베스트 7

남미의 베스트 사진 명소들을 소개한다.
페루의 전통 의상을 입고 멋진 인증샷으로 카톡 프로필 사진을 꾸며보자.

1 마추픽추

많은 사람들이 남미를 여행하는 이유는 마추픽추를 방문하기 위해서다. 날씨 운이 좋다면 맑은 하늘 아래 마추픽추를 배경으로 인생샷을 건질 수 있다. 판초를 입는 것이 가장 어울리는 곳. 마추픽추에 사는 라마를 만난다면 조심스럽게 다가가 함께 촬영할 수도 있다.

2 우유니

거울처럼 하늘과 땅이 하나가 되는 신비로운 모습과 원근감을 활용한 창의적인 사진까지. 우유니에서 찍은 사진은 단순한 여행의 기록을 넘어, 영원히 기억될 예술 작품이 될 것이다.

3 시크릿 라구나

랜드크루저로 해발 4,000m의 고원 지대를 가로지르고, 도보로 언덕 하나를 겨우 넘어야 마주할 수 있는 시크릿 라구나는 지구가 꽁꽁 숨겨둔 신비로운 비밀 장소이다.

4 토레스 델 파이네

파타고니아 지역에서 칠레 쪽에 위치한 자연 보호 구역으로, 독특한 산봉우리, 빙하, 호수 등의 절경을 자랑한다.

5 페리토 모레노

파타고니아 지역에서 아르헨티나 쪽에 위치한 세계에서 가장 유명한 빙하 중 하나로 푸른빛을 띤 거대한 얼음 벽을 배경으로 멋진 사진을 찍어보자.

6 피츠로이 봉우리

아르헨티나 파타고니아 지역에 있는 엘 찰텐이라는 작은 마을에서 트레킹으로 도달할 수 있다. 마을 입구에서부터 보이는 그 장엄한 경관에 압도당할 것이다.

7 이과수

나이아가라 폭포와 빅토리아 폭포와 함께 세계 3대 폭포 중 하나로 알려져 있다. 세 폭포를 모두 마주해 본 사람들은 스케일 면에서 역시 이과수가 최고라 한다.

아르헨티나와 브라질의
자존심을 건 고기 대결!

아사도와 슈하스코는 남미의 대표적인 바비큐 요리로
남미 여행을 하며 꼭 먹어봐야 하는 음식 순위에 상위권에 언제나 당당하게 차리 잡고 있다.
요즘은 한국에서도 TV 프로그램 등으로 많이 알려져 유명해지고, 전문 음식점도 생기고 있다.
역시 본토에서 먹는 구이의 맛은 따라갈 수가 없다. 비슷한 것 같으면서도 다른 아사도와 슈하스코,
그 둘은 어떤 차이점이 있을까? 여행하며 반드시 그 맛을 직접 느껴보도록 하자.

❶ 아사도 Asado

아사도는 아르헨티나 팜파스 지역 가우초들의 요리법이다. 인구수보다 더 많은 소를 기르는 아르헨티나에서는 역시 주로 소고기를 사용한다. 고기에 소금을 뿌려 통째로 숯불에 천천히 구워내며 기름기를 쏙 빼내는데, 속에는 육즙과 풍미가 꽉 차 있다. 소금 간만 해 놓은 본연의 맛이 조금 부족하게 느껴진다면 치미추리 소스와 함께 먹는 것도 별미이다. 아르헨티나산 와인을 곁들여서 완벽한 아르헨티나식 한 끼 식사를 완성해 보자.

❷ 슈하스코 Churrasco

슈하스코는 브라질 남부 가우초들의 요리다. 다양한 고기를 사용하는데 긴 꼬치에 고기를 꽂아 숯불에 구워낸다. 고기를 꼬치에 꿰기 좋게 잘라, 소금을 뿌린다. 슈하스코 레스토랑에서는 웨이터가 아주 다양한 종류의 꼬치를 들고 다니며 접시에 직접 한 점씩 썰어준다. 고기뿐 아니라 파인애플, 바나나 구이 등 다양한 종류의 꼬치구이를 한 번씩 맛보다 보면 어느새 배가 불러올 것이다. 함께 곁들이면 좋은 음료로는 역시 브라질의 국민 음료 과라나, 혹은 높은 도수의 향긋한 칵테일 카이피리냐가 있다.

Tip | 가우초와 아사도 & 슈하스코

남미 대륙 넓은 평원, 팜파스 전역에 살아가던 카우보이를 부르는 말 '가우초'. 그들은 말을 타고 대초원에서 가축들을 몰며 생활했다. 그곳에서 자연스럽게 불을 피우고 기르던 가축들을 잡아 구워 먹던 것이 아사도와 슈하스코의 기원이다. 그 전통이 지금까지 이어져 각 나라의 대표적인 요리로 자리 잡게 되었는데 이제 아사도와 슈하스코는 각 국가를 대표하는 최고의 음식이며 하나의 문화이기도 하다.

와인의 땅 칠레 vs 아르헨티나

남미에서 와인의 역사는 16세기 스페인 식민지 시절부터 시작되었다.
스페인 선교사가 포도나무를 멕시코로 가져왔고 이후 페루를 거쳐 남미 곳곳으로 퍼진다.
19세기 후반에는 유럽, 특히 이탈리아와 프랑스 이민자들이
와인 양조 기술을 도입하며 와인 산업 발전에 중요한 역할을 했다.
남미 여행에서 와인을 빼놓을 수는 없다.
칠레와 아르헨티나의 와인 모두 품질이 우수하며 가격은 저렴하니,
와인에 남다른 자부심을 가지고 있는 두 나라에서 나에게 가장 어울리는 와인을 찾아보자.

✖ 맛있는 남미 와인의 기후 조건

맛있는 와인을 만들기 위해선 포도밭부터 일교차가 크고 건조해야 하며,
포도나무에 피해를 주는 필록세라^{Phylloxera}라는 벌레가 살 수 없는 토양이
어야 한다. 칠레와 아르헨티나 모두 와인을 생산하기에 최적의 조건을 가
지고 있는 땅들이 있다.

칠레는 주로 안데스산맥과 태평양 사이의 비옥한 계곡에서 와인 생산이
이루어진다. 이러한 지형은 낮과 밤의 온도 차가 크고, 일조량이 풍부하
여 고품질의 포도를 재배하기에 최적의 조건을 제공한다. 칠레는 부산시
면적의 약 2배에 달하는 1,410k㎡을 와인용 포도 재배에 할애하
고 있으며, 주로 오이긴스^{O'Higgins}와 마울레^{Maule} 지역에 집중되
어 있다. 이 두 지역은 칠레 와인 생산의 72% 이상을 차지하고
있다.

아르헨티나는 멘도사^{Mendoza}, 산후안^{San Juan}, 살타^{Salta}와 같은
주요 지역에서 와인이 생산된다. 이들 지역은 높은 고도와 건조
한 기후 덕분에 포도가 건강하게 자랄 수 있는 최적의 조건을
갖추고 있다.

✖ 맛있는 남미 와인의 품종

칠레와 아르헨티나 모두 포도 수확은 주로 수작업으로 이루어지며, 포도를 최상의 상태로 유지하기 위해 신속하게 처리된다. 발효 과정에서는 스테인리스 스틸 탱크와 오크통을 사용하여 와인의 특성과 풍미를 조절한다. 특히, 오크통에서 숙성된 와인은 깊은 맛과 향을 가지게 된다.

칠레는 까베르네 소비뇽Cabernet Sauvignon, 까르메네르Carmenere, 메를로 Merlot 등의 레드 와인 품종과 샤르도네Chardonnay, 소비뇽 블랑Sauvignon Blanc 등의 화이트 와인 품종을 주로 재배한다. 오늘날 칠레는 세계 4위 와인 수출국으로, 프랑스, 스페인, 이탈리아의 뒤를 잇고 있다.

아르헨티나는 말벡Malbec, 본다라Bonarda, 토론테스Torrontes와 같은 품종으로 유명한데, 가장 상징적인 포도 품종 중 하나는 말벡Malbec이다. 이 품종은 1868년에 아르헨티나에 도입되었다. 원래 프랑스에서 온 이 포도는 특히 멘도사Mendoza 지역에서 이상적인 재배 조건을 찾아 아르헨티나의 대표 품종으로 자리 잡게 되었다.

정열의 대륙, 남미의 춤

남미는 열정과 활력으로 가득 찬 다양한 춤의 본고장이다.
나라별로 독특한 춤이 존재하며, 각 춤은 남미의 문화와 역사를 깊이 반영하고 있다.
이제 남미의 대표적인 춤에 대해 알아보도록 하자!

✖ 탱고

부에노스아이레스의 밤은 탱고와 함께

탱고는 부에노스아이레스를 대표하는 문화이자 아르헨티나의 상징이다. 아름다운 이 도시에 방문한다면, 절대 탱고 쇼를 놓쳐서는 안 된다. 19세기 후반 아르헨티나의 부에노스아이레스와 우루과이의 몬테비데오 빈민가에서 시작된 음악이자 춤으로, 열정적이고 강렬한 리듬이 특징이다. 하층민의 춤으로 시작하여, 상류층과 전 세계로 퍼져나가 아르헨티나의 대표적인 문화로 자리 잡게 되었다.

부에노스아이레스에는 전통적인 밀롱가부터 현대적인 공연까지 다양하게 탱고를 즐길 수 있는 곳이 많다. 특히 인기 있는 것은 라이브 밴드 연주와 프로 무용수들이 선보이는 멋진 공연장에서의 화려한 공연이다.

우아한 만찬과 함께 탱고를 즐겨보자

탱고 쇼는 미리 예약하는 것이 좋다. 특히 인기 있는 쇼는 빠르게 매진되니 원하는 날짜에 볼 수 있도록 사전 예약은 잊지 말자. 길고 고된 남미 여행 준비물로는 약간 어색했지만 그럼에도 지금까지 소중하게 데리고 온 예쁘고 우아한 옷 한 벌, 바로 지금이 그 옷을 꺼내 입을 때다. 화려한 극장에서 스테이크와 와인 한잔. 그리고 눈을 뗄 수 없는 탱고 공연. 낭만의 도시에서 진정한 낭만에 흠뻑 빠져보도록 하자.

✖ 라파인 쇼
남미의 정열을 한 번에 느낄 수 있는 곳!

라파인 쇼는 브라질의 포즈 두 이과수에 위치한 유명한 레스토랑 겸 공연장에서 진행하는 쇼로, 남미의 열정과 문화를 한자리에서 경험할 수 있는 특별한 쇼다. 이곳은 단순한 레스토랑을 넘어, 남미의 다양한 전통을 오롯이 담아낸 문화적 랜드마크로 자리매김하고 있다. 브라질식 바비큐인 슈하스코와 함께 200여 종에 이르는 다양한 요리를 뷔페식으로 제공하며, 남미 각국의 요리를 맛볼 수 있다. 라파인 쇼의 진정한 매력은 바로 공연에 있다. 이곳에서 펼쳐지는 공연은 남미 8개국의 전통춤과 음악을 선보이는 세계 유일의 무대로, 다양한 예술가들이 무대에 올라 각국의 독특한 문화를 표현한다. 브라질의 삼바, 아르헨티나의 탱고 등 남미 전역을 대표하는 춤과 음악이 차례로 등장하며, 관객들에게 남미의 다채로운 문화 예술을 생생하게 전달한다. 슈하스코를 맛보며 남미의 열정적인 무대를 감상하는 것은 잊지 못할 추억이 될 것이다. 남미의 심장부에서 펼쳐지는 이 매혹적인 공연을 통해 남미의 열정과 혼을 느껴보길 바란다.

✖ 삼바
심장을 울리는 리듬

삼바는 브라질을 대표하는 춤으로, 그 열정과 리듬은 세계적으로 널리 알려져 있다. 특히 매년 리우데자네이루에서 열리는 삼바 카니발은 삼바의 정수를 보여주는 축제로, 전 세계 수백만 명의 관람객들이 이 축제를 즐기기 위해 브라질을 찾는다. 19세기 후반 브라질의 흑인 커뮤니티에서 시작되어, 현재는 브라질의 문화적 상징으로 자리 잡았다. 삼바의 매력은 단순한 춤을 넘어서, 브라질의 역사와 혼을 담고 있다는 점에 있다. 경쾌하고 활기찬 동작과 함께 춤을 통해 삶의 기쁨과 슬픔을 표현하며, 그 속에 깃든 에너지는 보는 이로 하여금 큰 감동을 선사한다. 삼바 공연은 강렬한 리듬과 화려한 의상, 그리고 춤꾼들의 열정적인 무대로 이루어져 있어, 관객들에게 브라질의 뜨거운 열기를 그대로 전달한다. 삼바의 리듬에 맞춰 춤을 추다 보면 자연스럽게 그 열정에 빠져들게 된다.

남미에서 꼭 사와야 할 쇼핑 리스트

여행의 묘미 중 하나는 역시 쇼핑이다.
과연, 지구 반대편에서는 캐리어에 무엇을 가득 담아 돌아오는 것이 좋을까?
가장 인기 있고 반응이 뜨거운 제품들을 직접 골라보았다. 선물로도 인기 만점!

해초기름

아르헨티나 청정 해역에서 자생하는 해초에서 추출한 오일로 만든 제품으로, 피부 각화 주기를 일정하게 맞춰주고 진정 효과와 보습에 좋아 촉촉한 피부를 유지할 수 있다.

아르헨티나 부에노스아이레스, 병당 약 $20(35ml)

달팽이 크림

달팽이 점액을 원료로 한 끈적한 크림으로 진정, 재생, 노화 방지 효능이 있다. 한국에서 한창 유행했던 적이 있어, 인지도가 높은 편이다.

아르헨티나 부에노스아이레스, 통당 약 $35(50ml)

이과수 커피

이과수 지역의 적절한 해발 고도와 온화한 기후, 비옥한 토양은 균형 잡힌 산미와 풍부한 향미의 커피를 만들어 낸다. 드립형과 분말형이 있으니 취향대로 잘 골라보자.

브라질 이과수

장미오일

야생 장미 씨를 압착 방식으로 추출한 오일이다. 피부 주름 개선과 태양 빛에 의한 피부 노화와 상처 회복에 탁월한 효능이 있다. 세안 후에 간단한 마사지와 함께 하면 광이 나는 피부를 얻을 수 있다.

아르헨티나 부에노스아이레스, 브라질 리우데자네이루, 한 병 30ml 약 $20

라마 & 알파카 인형

라마와 알파카 털로 만든 귀여운 인형. 주로 페루와 볼리비아 지역에서 볼 수 있으며 가격대와 크기, 생김새와 가격은 가지각색이다. 크게 무겁거나 부피를 차지하지 않으니 인형 몇 개 정도는 남미 여행 일정 초반에 구입하는 것도 괜찮을 듯하다. 한번 눈에 꽂힌 친구는 바로 데려오는 것을 추천한다. 다 비슷해 보여도 맘에 드는 인형을 다시 만나기는 어렵다고 한다.

페루, 볼리비아

그린 프로폴리스

천연 항생제로 불리는 프로폴리스 중에서도 가장 뛰어나다는 그린 프로폴리스. 면역력 강화, 염증 완화, 항암 작용에 탁월하다. 스포이트 형태의 원액과 보다 가벼운 꿀이 첨가된 스프레이 제품이 인기다.

브라질 리우데자네이루, 통당 약 $17(30ml)

Tip | 남미 쇼핑 노하우!

초반에 쇼핑을 많이 해버리면 여행 내내 무거워진 짐을 들고 다녀야 한다. 또한 여행 중반에 아르헨티나 항공을 이용하게 되는 구간이 생기는데, 아르헨티나 항공의 위탁 수하물 규정은 15kg이다. 이미 늘어나 버린 짐을 15kg로 다시 꾸릴 때 큰 고생을 하게 되므로, 다시 위탁 수하물 무게의 여유가 생기는 이과수에서부터 본격적으로 쇼핑을 즐기기를 권한다.

남미를 즐기는
가장 완벽한 방법
Enjoy Latin America

페루
Perú

페루는 남미 서부에 위치한 나라로, 서부는 태평양과 맞닿아 있으며 중부는 안데스산맥이, 북동부는 아마존 열대 우림이 펼쳐져 있다. 이 나라는 남미 주요 문명 중 하나인 잉카 문명의 중심지로, 마추픽추와 같은 세계적인 유적지를 보유하는 등 유서 깊은 역사를 자랑한다. 페루의 주요 산업은 광업과 농업이며, 금, 은, 구리 등의 풍부한 자원이 경제의 중요한 부분을 차지하고 있다. 리마의 성당, 나스카 라인, 쿠스코 유적지 등 다양한 명소가 있는데, 특히 수많은 사람들의 버킷리스트 상위권을 차지하는 마추픽추는 유네스코 세계 문화유산으로 등재되어 있으며 살아생전 꼭 방문해야 하는 곳이다. 페루는 또한 아마존과 같은 다양한 생태계를 자랑하며 여기에서 오는 식재료의 종류는 세계 어느 나라보다 풍부하다. 현지 요리인 퀴노아나 세비체는 전 세계적으로 유명하다. 남미의 고대 문명과 전반적인 문화를 엿볼 수 있는 페루는 남미 여행을 시작하기에 가장 적절한 나라라 할 수 있다.

All about Peru

1. 국가 프로필

✱ 국가 기초 정보

국가명 페루 공화국(Republica del Peru)
수도 리마(Lima)
면적 약 1,285,220㎢(남한의 약 13배)
인구 약 3,468만 명
정치 대통령제
인종 원주민, 메스티소, 백인 등
종교 로마 가톨릭, 개신교
공용어 스페인어, 케추아어, 아이마라어 등
통화 누에보 솔(Nuevo Sol, S/.1 ≒ 358원)

✱ 국기

페루의 국기는 세로로 배열된 세 개의 줄무늬로 구성되어 있다. 왼쪽과 오른쪽 줄무늬는 빨간색이고, 가운데 줄무늬는 하얀색이다. 빨간색은 독립을 위해 흘린 피와 용기를 상징하고 하얀색은 평화와 정의를 나타낸다. 페루의 국기는 1825년 2월 25일에 공식적으로 채택되었다. 페루는 매년 6월 7일을 국기의 날로 기념하며, 이는 태평양 전쟁의 아리카 전투를 기념하고 추모하는 날이기도 하다.

✱ 국가 문장

좌 상단 청록색 배경 위에는 페루 고산 지대에 서식하는 대표 동물인 비쿠냐Vicuña가 있다. 우 상단 흰색 배경 위에는 페루의 대표적인 약용 식물인 키나Quina나무가 있다. 이 나무는 말라리아 치료제인 퀴닌의 원료이다. 그리고 하단에 붉은 바탕 위에는 고대 그리스 시대부터 풍요의 상징인 코르니코피아Cornucopia가 황금 동전을 쏟아내고 있다. 국장의 상단에는 월계수 관이 있으며, 이는 승리와 영광을 상징한다. 공식적인 행사나 국경일에는 국기 중앙에 국가 문장이 추가되는데, 국장 양쪽에 월계수와 야자수 잎이 둘러싸고 있는 형태는 민간과 국경일에 사용되며, 국장 양옆에 페루 국기가 있는 형태는 주로 군대와 관련되어 사용된다.

✱ 공휴일

1월 1일	신년Año Nuevo
5월 1일	노동절Día del Trabajo
6월 29일	성 베드로와 성 바울 축일Día de San Pedro y San Pablo
7월 28일	독립기념일Día de la Independencia
7월 29일	독립기념일 2일 차Segundo día de la Independencia
8월 30일	산타 로사 데 리마 축일Día de Santa Rosa de Lima
10월 8일	앙가모스 전투 기념일Día de la Batalla de Angamos
11월 1일	성인의 날Día de Todos los Santos
12월 8일	무염 시태 축일Día de la Inmaculada Concepción
12월 9일	아야쿠초 전투 기념일Día de la Batalla de Ayacucho
12월 25일	크리스마스Navidad

*2024년 기준, 해마다 달라질 수 있음.

© 페루 관광청

2. 현지 오리엔테이션

✱ 여행 기초 정보

국가 번호 51
비자 대한민국 여권 소지자는 90일간 무비자 체류 가능
시차 한국보다 14시간 느리다.
전기 220V, 60Hz

✱ 추천 웹 사이트

페루 관광청 www.peru.travel/es
주페루 대한민국 대사관 overseas.mofa.go.kr/pe-ko/index.do

✱ 긴급 연락처

경찰 105
화재 116
응급번호 117

한국 대사관

주소 Calle Guillermo Marconi 165, San Isidro 15076
운영 월~금 09:00~12:00, 14:00~17:00 (토, 일요일 휴무)
전화 +51 1 6325000

✖ 치안

주로 리마의 라 빅토리아, 카야오 등 몇몇 동네는 위험하지만, 미라플로레스, 바랑코, 산이시드로와 같은 지역은 비교적 안전하다. 택시는 호텔 리셉션에 요청하는 것이 안전하다. 페루는 정치 · 경제적 이유로 시위가 자주 발생하며, 이에 따라 도로와 공항이 일시적으로 폐쇄될 수도 있다.

✖ 여행 시기와 기후

페루는 지형적으로 다양해 지역마다 기후 차이가 크지만, 일반적으로 해안 지역, 안데스산맥, 아마존 열대 우림, 세 개의 주요 기후 구역으로 나눌 수 있다. 페루의 사계절은 우리가 익히 아는 방식과는 다르게 나타난다. 해안 지역은 사막성 기후로, 여름은 덥고 건조하며, 겨울은 서늘하고 습하다. 안데스산맥 지역은 고도에 따라 기후가 변하는데, 낮과 밤의 기온 차이가 크고, 고산 기후로 인해 겨울에는 추운 날씨가 이어진다. 한편, 아마존 열대 우림 지역은 일 년 내내 높은 기온과 습도가 지속된다. 페루 여행 시에는 날씨 변화에 유의해야 하며, 특히 안데스 지역을 여행할 계획이라면 고산병 대비가 필요하다. 높은 고도에서 체온 변화가 극심할 수 있으니, 따뜻한 옷과 방수 장비를 준비하는 것이 좋다.

✖ 여행하기 좋은 시기

페루를 여행하기 좋은 시기는 주로 건기인 5월부터 9월로, 이 기간에는 날씨가 맑아 트레킹이나 마추픽추 방문에 적합하다. 7~8월은 특히 페루의 겨울이지만, 낮 동안에는 쾌적한 기온을 유지해 여행자들이 많이 방문한다. 하지만 아침, 저녁으로는 기온이 떨어지니 따뜻한 옷을 챙기는 것이 좋다.

가장 우아한 페루 일정

1 Day 페루 도착

- 인천–LA 항공 이동
- LA–리마 항공 이동
- 리마 호텔 체크인

2 Day 리마 시내 관광

- 리마 시티 투어
- 리마 호텔 연박

3 Day 사막 투어

- 이카로 차량 이동
- 이카 호텔 체크인
- 와카치나 사막 버기 투어

4 Day 나스카 라인 & 파라카스 투어

- 나스카 라인 경비행기 투어
- 파라카스 보트 투어
- 리마로 차량 이동
- 리마 호텔 숙박

5 Day 쿠스코로 이동

- 리마–쿠스코 항공 이동
- 쿠스코 워킹 투어
- 우루밤바로 차량 이동
- 우루밤바 호텔 체크인

6 Day 마추픽추 투어

- 기차역으로 차량 이동
- 페루 레일 탑승
- 마추픽추 셔틀버스 탑승
- 마추픽추 투어
- 우루밤바로 복귀 후 연박

7 Day 페루 Out

- 성스러운 계곡 투어
- 쿠스코 호텔 체크인
- 쿠스코–리마–라파즈 야간 항공 이동(라탐 항공)

※ 고도 4,000m의 라파즈에 도착하면 어차피 고산 지대에 적응하느라 잠을 자기가 힘드므로, 이 시간에 기내박을 하며 시간을 보내는 것이 좋은 전략일 수 있다. 볼리비아 일정은 이러나저러나 몽롱한 기간이라는 것을 기억하자.

01 리마 Lima

리마는 페루의 수도이자 가장 큰 도시로, 태평양 연안에 위치해 있다. 1535년 스페인 정복자 프란시스코 피사로에 의해 설립되었으며, 잉카를 정복한 스페인은 이곳을 남미 대륙의 중요한 침략 기지로 삼았다. 그 때문에 구시가지에는 리마 대성당이나 산 프란시스코 수도원처럼 식민시대의 건축물이 그대로 보존되어 있다. 반면 신시가지에서는 안개를 뚫고 서 있는 고층 빌딩과 태평양 해변 풍경을 감상하며 페루의 어제와 오늘을 만날 수 있다.

리마 들어가기

✖ 항공

대한민국 인천에서 페루의 리마로 들어가기 위한 직항이 없기 때문에 최선의 방법은 미국 로스엔젤레스를 경유해 가는 것이다. 라탐 항공을 통해 발권하여, 인천에서 로스엔젤레스까지 공동 운항으로 대한항공 AIRBUS A380 비행기를 타고 갈 수 있다. 인천에서 로스엔젤레스까지 11시간 10분 걸리며, 로스엔젤레스에서 리마까지는 8시간 15분이 걸린다. 위탁 수하물은 보통 국제선은 일반석 기준 23kg이다. 인천의 공항 3코드는 ICN이고 로스엔젤레스의 3코드는 LAX이며, 리마의 3코드는 LIM이다. 짐이 최종으로 도착해야 하는 곳은 LIM의 리마이므로 짐 태그를 잘 확인하자.

✱ LA에서 환승하기

중간에 짐을 한 번 찾았다가 다시 맡겨야 하므로 잘 보고 따라오도록 하자. 미국 입국 심사 때는 절대로 필요 이상의 말을 하지 말아야 한다.

비행기 내리기
❶ 비행기에서 나온 후 에스컬레이터를 타고 올라간다.
❷ 한 방향밖에 없는 길을 따라가서 에스컬레이터를 타고 내려간다.
❸ 정면에 미국 국기가 걸려 있는 에스컬레이터를 타고 내려가면 입국 심사를 하는 층이 나온다.

입국 심사
❶ 입국 심사를 하기 위해 기다리는 줄을 찾는다.
❷ 미국 시민은 파란색, 아닌 사람들은 빨간색 쪽에 줄을 선다.
❸ 입국 심사 시 여권과 보딩 패스(LA행과 리마행 모두)를 제출한다. 간단한 질문을 받을 텐데 보통 '포 트랜짓For Transit'이라 간단히 말하며 페루 리마에 가기 위해 환승을 목적으로 미국에 오게 되었다는 의사를 밝힌다.

짐 찾기
❶ 심사를 받고 나온 후 Baggage Claim 표지판을 따라 내려간다.
❷ 표지판을 따라가다 보면 짐 찾는 곳이 나오는데, 전광판에 보이는 본인이 타고 온 비행기 편명 아래서 짐을 찾는다.
❸ 짐을 찾았다면 헐리우드 간판 아래 EXIT로 간다.

짐 싣기
❶ 한 방향으로 가다 보면 갈림길이 나오는데, 우리는 환승해야 하므로 Connecting Flight로 우회전한다.
❷ 금방 짐 싣는 곳이 나온다.
❸ 공항 직원들이 승객의 티켓을 확인 후 몇 번 벨트 위에 올려놓으라고 말해준다.
※ 짐 태그가 달린 캐리어만 맡기자. 간혹 짐 태그가 없는 다른 가방을 올려놓았다가 다시 못 찾는 경우가 있다.

출국장으로
❶ 짐을 올린 뒤, 나가는 문은 하나다. 표지판이 보일 때 우회전한다.
❷ 엘리베이터를 타면 편하게 3층으로 간다.
❸ 3층에서 내리면 바로 전광판에서 비행기 편명과 게이트를 확인한다.

출국 심사
❶ 표지판에 적혀 있는 All Gates를 찾아서 따라간다. 보안 검색 구역으로 올라가는 에스컬레이터를 타기 전에 공항 직원이 탑승권을 확인한다.
❷ 올라오면 바로 출국 심사를 하기 위한 줄이 보인다.
❸ 간단한 짐 검사와 심사를 거치는데, 신발을 벗어서 짐과 함께 올려야 한다. 통과하고 계속 To All Gates를 따라 나가면 면세 구역이 나온다.

✳ 역사

리마는 1535년 1월 18일 스페인 정복자 프란시스코 피사로에 의해 설립되었다. 피사로는 리마를 페루 부왕령의 수도로 지정하여, 스페인 식민지 행정의 중심지로 발전시켰다. 초기에는 왕들의 도시Ciudad de los Reyes로 불렸으며, 이는 피사로가 스페인 왕실을 기리기 위해 붙인 이름이다. 식민지 시대 동안 리마는 남미에서 가장 중요한 상업과 행정의 중심지 중 하나로 성장했다. 리마 대성당과 산 프란시스코 수도원 같은 웅장한 건축물들이 이 시기에 지어졌다. 1821년, 페루는 스페인으로부터 독립을 선언했으며, 리마는 신생 공화국의 수도로 남았다. 19세기와 20세기 동안 리마는 경제적, 사회적 변화를 겪으며 현대화되었다. 20세기 중반에는 대규모 이주로 인해 인구가 급격히 증가했다. 오늘날 리마는 페루 인구의 약 3분의 1이 거주하는 대도시이자 현재 페루의 수도이다.

✳ 지형

리마는 해발 고도가 낮고 평평한 지형이며 해안선은 길게 펼쳐져 있다. 해안선 대부분은 모래와 자갈길로 이루어져 있으며, 도시 주변은 넓은 사막 지대로 이어지고, 농업과 관련된 광대한 평야 지대와도 연결되어 있다. 서쪽의 태평양과 동쪽의 안데스산맥 사이에 끼어 있으며, 이러한 위치는 차가운 훔볼트 해류의 영향을 크게 받아, 특히 겨울철에 안개가 자주 발생하는 '가루아' 현상을 볼 수 있다. 리마는 또한 리마 강과 리마크 강처럼 안데스산맥에서 흘러 내려온 여러 강과 하천에서 물을 공급받는다. 그러나 강수량이 매우 적어 물 부족 문제가 발생하기도 한다. 도시의 북쪽과 남쪽에는 낮은 구릉과 언덕이 펼쳐져 있고 빈민촌이 형성되어 있어, 페루의 극단적인 빈부 격차를 보여주기도 한다.

✳ 날씨

리마의 날씨는 연중 온화하며 두 계절로 나뉜다. 여름(12~4월)은 따뜻하고 습하며, 평균 기온이 18℃에서 28℃ 사이다. 이 시기에는 맑은 날씨가 지속되며, 해변을 즐기기에 좋다. 겨울(6~9월)은 서늘하고 습도가 높으며, 평균 기온은 15℃에서 20℃ 정도다. 겨울철에는 '가루아'라고 불리는 해양성 안개가 자주 발생해 흐린 날씨가 지속된다. 리마는 강수량이 매우 적어 연간 평균 강수량이 15mm 이하이며, 대부분의 강수는 겨울철에 이슬비 형태로 내린다.

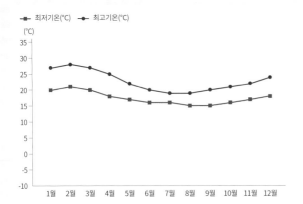

✖ 교통

페루의 지형적인 특성상 철도 시설이 전무하기 때문에 대부분 육로 교통을 이용하게 된다. 리마를 중심으로 팬아메리칸 하이웨이가 페루의 전역을 이어주고 있다. 차도에서는 차 간의 간격이 굉장히 좁고 차선의 구분이 잘 안 된다. 관광객이 리마에 와서 자동차를 빌리면 1시간 만에 다시 차를 반납한다고 할 정도로 운전이 어렵다. 하지만 리마의 운전자들은 이런 교통 흐름에 서로 익숙하기 때문에 사고가 잘 안 난다. 버스는 대부분 리마 센트로와 미라플로레스 중간의 라 빅토리아La Victoria와 하비에르 프라도 에스테 거리Av. Javier Prado Este에 모여 있어 이용이 편리하다. 버스 요금은 회사마다 차이가 있는데, 주로 버스 시설에 따라 다르다. 단거리라면 크게 상관없지만 다른 지역으로 넘어가는 10시간 이상의 장거리라면 안전함과 편안한 의자, 버스 내 화장실 유무, 식사 제공 유무 등을 살펴봐야 한다. 버스 내 도난에도 주의를 기울이자.

메트로폴리타노 버스
리마를 횡단하는 전기 고속버스 시스템으로 센트로와 미라플로레스를 오갈 때 편리하게 이용할 수 있다. 우리나라 지하철과 비슷한 시스템으로 교통카드Tarjeta Inteligente(1회당 S/.5)를 구입하여 이용한다. 센트로의 Jiron de la Union역과 미라플로레스 센트럴 공원 인근의 Ricardo Palma역을 기억하면 센트로와 미라플로레스를 오갈 때 쉽게 이용할 수 있다.

미크로 & 콤비
목적지를 앞 유리에 붙인 일반 버스 크기의 미크로와 미니밴 콤비는 현지인들이 가장 많이 이용하는 교통수단으로, 저렴하지만(S/.2~5) 많은 정류장에서 정차하기 때문에 대부분 느리다. 특별한 노선도가 없어서 유리창에 붙은 종점과 주요 도로명을 보며 가는 곳을 확인해야 한다. 여행자들이 주로 이용할 만한 코스는 미라플로레스와 센트로 지역으로, 미라플로레스행 버스에는 Todo Arequipa, Larco/Schell/Miraflores라는 표지가, 센트로행 버스에는 Todo Arequipa, ilson/Tacna라고 표시되어 있다.

택시
일반 택시를 타면 흥정해야 하는 소요나 안전 문제가 있기 때문에 전 세계적으로 통용되는 우버를 사용하는 것을 권장한다. 혹은 호텔 리셉션에서 부르는 택시가 안전하다.

Tip | 리마의 신비로운 안개, 가루아!

리마는 태평양 연안에 위치해 있어, 차가운 훔볼트 해류의 영향을 받는다. 이 해류는 남극에서 출발하여 남아메리카 서해안을 따라 북쪽으로 흐르며, 페루 해안을 따라 차가운 물을 공급한다. 차가운 해류는 해안 지역의 기온을 낮추고, 공기 중의 수분이 응결되어 안개를 형성하게 된다. 또한, 리마는 저기압 지대에 자리 잡고 있어 대기 중의 수분이 쉽게 응축된다. 이러한 기후 조건으로 인해 리마는 연중 특히 겨울철(6월~9월)에 해양성 안개가 자주 발생한다. 가벼운 이슬비를 동반하며, 리마의 독특한 기후 현상 중 하나이다.

리마 미라플로레스

Pacific Ocean 태평양

N

★ 리마의 어트랙션

남미의 첫 관문인 리마! 구시가지와 신시가지를 둘러보며 남미의 과거와 현재를 음미해 보자.

★★★
아르마스 광장 Plaza de Armas

1535년 스페인 식민지 시절 피사로는 아르마스 광장을 중심으로 대통령 궁, 대성당 등을 지으면서 도시를 확장시켰다. 광장 주변으로는 식민지풍의 건물들이 들어서 있어 그 당시의 모습을 짐작할 수 있게 한다. 스페인은 식민 시절 정복의 의미로 이 모든 주요 건물들을 잉카의 건물 위에 지어 잉카의 문화를 파괴하고 스페인의 힘을 과시하려 했다. 그러한 이유로 이곳에 잉카의 모습은 거의 남아 있지 않다. 아르마스 광장 건설 초기 당시에는 스페인 장군 피사로의 동상이 서 있었으나 페루의 첫 원주민 대통령이 동상을 철거하고 분수대로 교체했다. 1991년 유네스코 세계문화유산으로 등록되었으며 광장에는 리마를 즐기려는 여행자들과 현지인들로 늘 붐빈다.

위치 미라플로레스 지역에서 택시로 20여 분 소요
메트로폴리타노 버스 라인 5, Estacion Central 하차

★★★
라 우니온 거리 Jiron de la Union

아르마스 광장에서부터 산 마르틴 광장까지 이어지는 거리는 리마의 명동이라 불릴 만큼 여행자들과 현지인들로 늘 붐비는 곳이다. 다양한 레스토랑이 자리하고 있어 한 끼 식사를 해결할 수도 있고, 여러 상점도 늘어서 있어 쇼핑을 즐기기에도 좋다. 남미에서 소매치기는 늘 주의해야 할 대상이니 미리 습관을 들이도록 하자.

위치 아르마스 광장 남서쪽으로 산 마르틴 광장까지 이어진 거리

★★★
산토 도밍고 교회 & 수도원 Iglesia & Convento de Santo Domingo

대통령 궁을 바라보고 왼쪽으로 한 블록 떨어진 곳에 산토 도밍고 교회가 있다. 잘 보존된 식민지풍 건물은 스페인 남부 스타일의 타일로 지어져 독특하고 아름답다. 교회 뒤편으로는 수도원이 연결되어 있다. 수도원의 지하 무덤에는 페루인들의 존경을 한 몸에 받고 있는 산타 로사Santa Rosa de Lima와 산 마르틴San Martin de Porres 성자의 유해가 있기도 하다.

주소 Jiron Camana 170
위치 대통령 궁을 마주하고
     왼쪽으로 도보 3분

★★★
대통령 궁 Palacio de Gobierno

스페인 장군 피사로는 쿠스코에서 리마로 수도를 옮기고 아르마스 광장을 중심으로 도시를 넓혀 갔다. 그가 암살되기 전에 몇 해 동안 살았던 곳이 대통령 궁이다. 이곳이 관광객들에게 특히나 인기 있는 이유는 월요일부터 토요일까지 매일 정오에 펼쳐지는 근위병 교대식 때문인데, 화려한 군복을 입고 절도 있는 동작과 함께 군악대의 음악에 맞춰 행진하는 모습이 매우 인상 깊다. 여행자들은 이 모습을 대통령 궁 안에서는 볼 수 없고 철창 밖에서만 지켜볼 수 있다.

위치 아르마스 광장 북동쪽

★★★
리마 대성당 La Catedral de Lima

아르마스 광장 남동쪽에 자리한 대성당은 스페인 식민지 시절 건설된 남미의 전형적인 건축 양식을 하고 있다. 리마의 대성당은 남미에서 가장 오래된 성당으로, 스페인 장군 피사로가 리마를 남미 식민지화의 거점 도시로 삼으면서 1555년 직접 대성당의 초석을 놓아 건설했다. 이후 대지진으로 한 차례 무너졌다가 1755년 다시 복구했다. 성당 안에는 은으로 장식된 제단과 그림들, 피사로의 유체라고 여겨지는 미라가 안치되어 있다.

위치 아르마스 광장 남동쪽

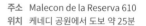

★★★
라르코마르 & 사랑의 공원 Larcomar & Parque de Amor

센트럴 공원에서 바닷가를 향해 이어진 호세 라르코 거리Av. Jose Larco를 걷다 보면 다양한 상점과 레스토랑으로 붐비는 미라플로레스의 중심가가 나온다. 약 20분가량 걸으면 바닷가 바로 앞에 높은 빌딩과 다양한 상점들 및 레스토랑이 펼쳐지는데, 이곳이 미라플로레스에서 가장 현대적인 쇼핑몰인 라르코마르이다. 라르코마르에서 산책로를 따라가다 보면 작은 공원이 나타난다. 이곳에는 키스하는 연인의 동상이 자리하고 있어 많은 관광객이 찾아온다. 또한 태평양을 바라보며 사랑을 속삭이는 연인들의 모습도 많이 보인다.

주소 Malecon de la Reserva 610
위치 케네디 공원에서 도보 약 25분

리마 시티 투어

남미에 발을 딛고 시작하는 첫 투어다. 한국과 남미의 12시간 시차가 그대로 느껴지며 몽롱한 상태일 텐데, 너무 무리하지 않고 시차 적응을 한다는 느낌으로 돌아다니자. 구시가지를 둘러보며 스페인과 남미의 혼합 과정을 느껴보고 신시가지로 가 아름다운 해안 전망을 즐기며 투어를 마무리하자.

❶ 라 우니온 거리

리마의 주요 번화가인 라 우니온 거리를 지나며, 도시의 활기를 느껴보자.

❷ 아르마스 광장

라 우니온 거리에서 도보로 약 10분 정도 거리인 아르마스 광장에 도착하면 주요 방문지와 건축물들이 모여 있다. 자유롭게 1~2시간 정도 여유를 가지고 걸어서 충분히 둘러보기에 좋다. 대통령 궁, 리마 대성당, 산 프란시스코 교회, 산토 도밍고 교회 등을 만날 수 있다.

❸ 사랑의 공원

바다가 시원하게 내려다보이는 사랑의 공원에서 산책을 하고, 라르코마르 쇼핑몰에서 둘러보면 어느덧 해가 지는 시간이다.

★ 리마의 레스토랑

리마는 페루의 수도이자 문화적 중심지로, 이곳에서는 다채로운 식도를 경험할 수 있다. 특히, 세계적으로 유명한 셰프들이 운영하는 레스토랑을 쉽게 찾아볼 수 있다.

서울 가든 엘 오리히날 Seoul Garden El Original

리마에서 정통 한국 요리를 제공하는 뷔페식 레스토랑이다. 이곳에서는 신선한 재료로 만든 다양한 한국 음식을 맛볼 수 있으며, 비빔밥, 불고기, 김치찌개뿐 아니라 여러 반찬과 따뜻한 국물 요리가 준비되어 있다. 깔끔하고 아늑한 분위기에서 식사를 즐길 수 있는 것이 장점. 뷔페 스타일이라 여러 종류의 한국 요리를 한자리에서 마음껏 맛볼 수 있으며, 현지인들은 음식의 신선함과 다양한 선택지를 특히 높이 평가한다.

주소 C. Las Orquídeas 488,
San Isidro, Lima
위치 San Isidro 지역
운영 월~토 12:00~22:00,
매주 일요일 휴무
전화 +51 914 950 516

오사카 파르도 이 알리아가 Osaka Pardo y Aliaga

오사카 파르도Osaka Pardo는 리마에서 일본과 페루의 퓨전인 니케이 요리를 제공하는 고급 레스토랑으로 유명하다. 신선한 해산물과 고품질 재료를 사용하여 다양한 스시, 세비체, 그리고 페루니키 스타일의 요리를 선보인다. 레스토랑은 현대적이고 세련된 분위기이며, 특히 저녁 식사 시간에 인기가 많고 다양한 와인과 사케를 맛볼 수 있다. 여행객들과 현지인들로부터 꾸준히 높은 평가를 받고 있다.

주소 Av. Pardo y Aliaga 640,
San Isidro, Lima
위치 San Isidro 지역
운영 12:30~24:00
전화 +51 1 222 0405
홈피 osakanikkei.com

치파 풍 쿠안 Chifa Fung Kuan

치파 풍 쿠안Chifa Fung Kuan은 리마에서 인기 있는 중식당으로, 신선한 재료를 사용해 다양한 중국 요리를 제공한다. 주요 메뉴로는 아로스 차우파(중국식 볶음밥), 타야린 살타도(중국식 볶음국수), 소파 완탄(완탕 수프) 등이 있으며, 현지인과 여행객들 모두에게 높은 평가를 받고 있다.

주소 Avenida Los Conquistadores 802, San Isidro, Lima
위치 San Isidro 지역
운영 12:30~15:30, 18:00~22:00
전화 +51 1 441 0181

판치따 Panchita

페루의 유명 셰프 가스똔 아쿠리오Gastón Acurio가 운영하는 페루 요리 전문 레스토랑. 다양한 전통 페루 요리와 크레올 스타일의 요리를 제공하며, 넉넉한 양과 훌륭한 맛으로 유명하다. 대표 메뉴로는 피케오 도냐 판차, 안티쿠초, 바삭한 새끼 돼지고기 등이 있다. 페루 현지 음식을 도전하고 싶다면 강력 추천하는 식당이다.

주소 Calle Dos De Mayo 298, Miraflores, Lima
위치 Miraflores 지역
운영 월~토 12:00~23:00, 일 12:00~18:00
전화 +51 1 242 5957
홈피 www.panchita.pe

딴따 Tanta

딴따Tanta는 유명 셰프 가스똔 아쿠리오Gastón Acurio가 운영하는 체인 레스토랑이다. 이 레스토랑은 페루의 전통 음식을 현대적이으로 재해석하여 세련된 디자인과 창의적인 방식으로 요리하는 곳으로 유명하다. 대표 메뉴로는 세비체, 아히 데 가야나, 안티쿠초 등이 있다. 식당의 깔끔한 분위기와 친절한 서비스는 덤.

주소 Av. 28 de Julio 888, Miraflores, Lima
위치 Miraflores 지역의 Larcomar 쇼핑몰 내
운영 08:00~01:00
전화 +51 1 447 8377
홈피 tantaperu.com

02 이카 Ica

페루의 이카^{Ica}는 리마에서 남쪽으로 약 300km 떨어진 곳에 있는 도시로, 사막과 와인으로 유명하다. 리마에서 이카로 가는 길은 팬아메리칸 하이웨이를 따라 이어지며, 이 고속도로는 태평양을 따라 남북으로 뻗어 있어 아름다운 해안 경관을 감상할 수 있다. 이카는 나스카 문화의 중심지로, 나스카 라인과 관련된 유적들이 많이 발견된다. 또한, 포도밭과 와이너리에서 페루의 대표적인 와인과 피스코를 생산한다. 와카치나에서는 아름다운 사막 풍경과 오아시스를 감상할 수 있다.

이카 들어가기

✈ 버스

많은 여행객이 페루 리마에서 여행을 마치고 이카로 이동한다. 리마에서 이카까지 가는 가장 좋은 방법은 버스를 타는 것이다. 페루에서 버스는 워낙 대중적인 교통수단이기 때문에 한국의 고속버스 시스템과는 조금 다르다. 비행기 탑승과 마찬가지로 30분 전에 먼저 수화물을 체크하고 예약한 버스에 짐을 미리 실어두는 시스템으로 운영되고 있다.

리마에서 이카로

❶ 매일, 매시간 운영하며 소요 시간은 편도 4시간이다.

Tip │ 이카에서 와카치나로의 이동

이카는 와카치나로 가는 경유지 역할을 하며, 대부분의 여행자는 이카 버스 터미널에 도착한 후 와카치나로 이동한다. 모든 장거리 버스는 이카까지만 운행되기 때문에, 이카에 도착한 후에 다른 교통수단으로 와카치나로 이동해야 한다.

*택시 또는 툭툭이(모토 택시) 이용: 이카 버스 터미널에서 와카치나까지는 약 10~15분 정도 소요된다.

✖ 역사

고대 나스카 문화의 중심지였던 이카는 스페인이 페루를 정복한 후, 1563년에 설립되었다. 포도 재배와 와인 생산으로 유명해졌으며, 1821년 페루가 스페인으로부터 독립을 선언한 이후, 신생 공화국의 중요한 도시로 발전했다. 오늘날 이카는 면화, 아스파라거스, 올리브 등의 농산물을 재배하며 중요한 농업 도시가 되었고, 나스카 라인, 와카치나 사막 등으로 관광 도시가 되기도 했다.

✖ 지형

이카는 해발 고도가 낮고 평평한 사막 지형이 특징이다. 태평양과 안데스 산맥 사이에 위치해 있으며, 주변에는 넓은 농업 평야와 와카치나 오아시스가 있다. 기후는 건조하고 연간 강수량이 매우 적다. 리마에서 이카로 버스 타고 가는 길에 창밖을 보다 보면 많은 밭이 보일 텐데 무슨 농작물들인지 궁금할 것이다. 이카는 주로 건조한 기후와 비옥한 토양 덕분에 다양한 작물 재배에 유리한 환경이며, 고품질의 아스파라거스, 아보카도 등을 전 세계로 수출한다. 또한 블루베리, 아구아헤 등 항암 치료에 효과적인 슈퍼푸드가 페루에서 많이 난다는 점에 전 세계가 주목하고 있다.

Tip │ 피스코 Pisco

페루와 칠레에서 생산되는 브랜디의 일종으로, 주로 포도를 발효시켜 증류한 술이다. 16세기 스페인 정복자들이 남미에 포도 재배를 도입하면서 처음 만들어졌다. 근데 페루와 칠레 모두 각각의 피스코 생산 방식을 발전시키며 독자적인 전통을 형성했고, 오랜 기간 피스코의 원산지를 두고 논쟁을 벌여왔다. 페루는 피스코가 자국의 피스코Pisco라는 도시에서 유래했다고 주장하며, 17세기부터 피스코를 생산해 왔다고 주장한다. 한편, 칠레는 자국의 엘키밸리Elqui Valley 지역에서 피스코가 오래전부터 생산되어 왔으며, 독자적인 피스코 문화와 역사를 가지고 있다고 주장한다. 페루의 피스코는 포도즙을 한 번 증류하여 생산되며, 인위적인 물이나 첨가물 없이 오크통에서 숙성된다. 반면에 칠레의 피스코는 증류 과정에서 물을 첨가하여 알코올 도수를 조절하고, 다양한 숙성 방법을 사용한다. 피스코를 넣어 만든 피스코 사워라는 칵테일이 인기가 많은데, 이카의 호텔에 도착하면 웰컴 드링크로 제공해 주기도 한다.

✖ 날씨

이카의 날씨는 연중 온화하며 두 계절로 나뉜다. 여름(12~4월)은 따뜻하고 건조하며, 평균 기온이 25℃에서 35℃ 사이이다. 겨울(6~9월) 또한 건조하지만 서늘하며, 평균 기온은 15℃에서 20℃ 정도다. 연간 강수량은 매우 적다. 와카치나 사막에서는 밤에 조금 쌀쌀할 수 있어서 바람막이 하나 챙기면 좋다.

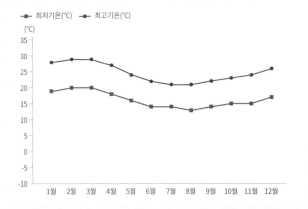

✖ 교통

이카의 호텔에서 와카치나 사막에 가기 위해 모토(3륜 오토바이)나 택시를 이용할 수 있으며, 한국의 옛날 티코들이 많이 돌아다닌다. 요금은 약 S/.10~15.

Ayacucho

Cajamarca

Lima

Calle Huánuco

Chiclayo

Bolivar

La Libertad

Av. Municipalidad

Av. San Martin

Calle Camana

Fco Quijandria

파라카스
(500m)

아르마스 광장
Plaza de Armas

호텔 푼도 엘 아라발
Hotel Fundo El Arrabal

산 프란시스코
데 아시스 교회
Iglesia de
San Francisco de Asis

J.J. Elias

Institución Educativa
San Luis Gonzaga

Chiclayo

Duraznos

Av. José Matías Manzanilla

Sebastian Barranca

Calle A

Av. Leon Arechua

나스카 라인
(117km)
고고학 박물관
(1.5km)

타카마 와이너리
(11km)

흥금 돌고래 식당
Restaurante El Delfín Dorado

와카치나
(4km)

N

이카

나스카 라인

나스카 라인Nazca Lines은 30개 이상의 동물 형상과 140개 이상의 기하학무늬가 그려져 있으며, 최대 300m에 이르는 거대한 크기 때문에 오직 하늘에서만 완전한 모습을 볼 수 있다. 1939년 한 비행기 조종사에 의해 처음 발견되었다. 이 거대한 지상화가 그려진 이유는 아직 밝혀지지 않았고, 천문학이나 종교적인 용도로 추측하는가 하면, 외계인 이론까지 나오기도 했다. 나스카 사막은 비가 거의 오지 않고 훔볼트 해류의 영향으로 차갑고 건조하다. 모래와 자갈로 이루어진 지형은 지진이나 기타 지질 활동이 없기에 안정되었고, 햇볕에 표면이 경화되어 오랜 시간 그림이 보존될 수 있었다. 팬아메리칸 하이웨이로 건설로 인해 안타깝게도 도마뱀 지상화의 꼬리 부분이 잘려 나가기도 했다.

✖ 나스카 라인 경비행기 투어

나스카 라인을 보기 위한 경비행기를 이용할 수 있는 공항은 이카 공항, 피스코 공항, 나스카 공항 세 곳이었으나, 현재는 피스코 공항과 나스카 공항 두 곳만 운행하고 있다. 피스코 공항은 이카에서 가깝고, 나스카 공항은 이카에서 약 3시간 떨어져 있다. 피스코 공항을 이용하면 파라카스 해변까지 방문하며 점심을 먹고 저녁 시간에 맞춰 리마에 돌아갈 수 있지만 성수기 때 예약이 쉬운 편은 아니다.

피스코 공항 ⋯› 경비행기 탑승 ⋯› 나스카 라인(약 1시간 30분)

> **Tip** | **경비행기 타기 전 필수 팁!**
>
> 나스카 라인 경비행기는 보통 멀미가 굉장히 심하게 온다. 남미 여행 초반에 멀미 등으로 속이 안 좋아지면 남미 여행 내내 컨디션이 안 좋아질 수가 있다. 나스카 라인 경비행기에 도전한다면, 탑승 전에 멀미약을 꼭 먹도록 하자. 비행기는 나스카 지상화 하나마다 왼쪽 창으로 한 번, 오른쪽 창으로 한 번씩 볼 수 있도록 운전한다. 기체가 기울 때 시선을 창밖으로 보이는 날개 끝에서 땅으로 곧바로 내리면 그림을 볼 수 있다.

와카치나 오아시스 마을

이카 사막 한가운데 위치한 아름다운 오아시스를 주변으로 마을이 형성되어 있다. 전설에 따르면 한 공주가 물웅덩이에 반사된 자신의 모습을 보고 흘린 눈물로 오아시스를 이뤘다고 한다. 이 신비로운 오아시스는 푸른 물과 야자수로 둘러싸여 있어 사막 한가운데 있는 낙원이라 할 수 있다. 특히 일몰과 일출 때의 경관은 마치 다른 세상에 있는 듯한 착각을 불러일으키는데, 각자의 시선으로 와카치나 마을의 여러 모습을 사진에 담아보자.

✖ 와카치나 버기 투어

이카 사막 한가운데 위치한 와카치나 마을에서 아름다운 오아시스를 한 바퀴 거닐고, 사막으로 올라가 버기 투어와 샌드 보딩을 즐겨보자. 와카치나 버기 투어는 호텔이나 와카치나 곳곳에서 쉽게 예약할 수 있으며, 투어는 대개 1시간에서 2시간 정도 소요된다. 기사에게 운행 속도를 빠르게 할지 느리게 할지 요청할 수 있다. 버기를 타고 모래 언덕을 오르면 트렁크에 싣고 간 보드를 꺼내 짜릿한 모래 보딩을 체험할 수 있다. 센스 있게 저녁 시간에 맞추어 간다면 모래 언덕 위에서 장엄한 노을을 배경으로 인생샷을 건질 수 있다.

호텔(오후 4시 출발) ⋯▶ **와카치나 오아시스** ⋯▶ **버기 투어** ⋯▶ **샌드 보딩** ⋯▶ **선셋**

파라카스 해변

해안가 관광지로 리마나 도시 근교 사람들이 피서를 즐기러 특히 주말마다 많이 찾아오는 곳이다. 이카에서 와카치나 오아시스와 나스카 라인 눈도장을 찍었다면 리마로 돌아가기 전에 파라카스 해변의 태평양 바람을 맞으며 피스코 사워와 해산물 요리를 맛보는 것도 아주 좋은 선택지다. 방문한 김에 보트를 타고 바예스타 섬 구경을 나가는 것도 놓칠 수 없다.

✖ 바예스타 섬 보트 투어

파라카스 해변에서 보트를 타고 조금 나가서 바예스타 섬 주변을 맴돌며 다양한 해양 생물들을 볼 수 있는 투어다. 바다사자, 펭귄, 돌고래처럼 평소에는 보기 힘든 동물들을 만날 수 있다. 작은 갈라파고스라고 불리는 바예스타 섬을 꼭 들러보자!

호텔 ··· 파라카스 ··· 보트 투어 ··· 점심 식사 ··· 리마

more & more **바예스타 섬은 작은 갈라파고스?**

남극에서 출발해 남미 서해안을 따라 북쪽으로 이동하는 차가운 훔볼트 해류가 풍부한 영양분을 이곳까지 옮겨오는데, 여기서 상대적으로 따뜻한 파라카스의 바닷가와 만나며 차가운 물이 올라오는 업웰링Upwelling 현상까지 겹친다. 심해의 플랑크톤 등의 영양분이 풍부한 미생물이 표면으로 올라오는 것이다. 이를 먹이로 하며 다양한 어류, 해양 포유류, 조류들이 번성해 해양 생태계를 형성하게 되었다.

★ 리마의 레스토랑

파라카스 보트 투어를 마치고 리마에 돌아가기 전에 식사 장소로 들르면 좋다. 해변가에 늘어서 있는 해산물 식당 중 하나를 골라보자. 이카의 호텔에서 피스코 사워를 아직도 맛보지 못했다면 해안 풍경을 바라보며 한잔할 수 있는 지금이 기회다!

호텔 푼도 엘 아라발 Hotel Fundo El Arrabal

이카 가는 길목에 위치한 호텔에서 운영하는 식당으로, 시골 정원 느낌의 야외에서 식사할 수 있는 곳이다. 포도 농장과 와이너리도 보유하고 있기에 식사 후 소화할 겸 한 바퀴 돌아보는 것도 참 좋다. 선물용 와인을 사기에도 좋은 장소. 이카의 자연과 문화, 그리고 맛있는 음식을 즐긴 후에는 피스코 투어에 참여해 피스코가 만들어지는 과정을 볼 수 있고, 즐거운 시음까지 참여할 수 있다.

주소 Ica 11004
위치 팬아메리카 국도에서
      이카 마을로 들어가는 길목에서
      Arrabales 골목으로 좌회전하여
      농원까지 들어간다.
운영 11:00~21:00
전화 +51 56 256249

황금 돌고래 식당 Restaurante El Delfin Dorado

신선한 재료로 깔끔히 요리하는 식당으로 이 부근에서 한국인들에게 가장 친절한 데다, 맛까지 훌륭하다. 파라카스 바다 전망을 바라보며 피스코 한 잔에 생선튀김과 볶음밥을 곁들이면 광활한 태평양을 고스란히 들이킬 수 있다. 합리적인 가격으로 정겨운 해안가 마을 식당 분위기를 한껏 즐길 수 있다.

주소 Nuevo Muelle El Chaco,
      Paracas 11550
위치 파라카스 해변가 중앙
운영 12:00~23:00
전화 +51 56 531164

03 쿠스코 Cusco

페루 남부 안데스산맥에 위치한 해발 3,400m의 고원 지대에 자리 잡은 쿠스코는 고대 잉카 제국의 수도로서 13세기 중반부터 번영을 누렸다. 1533년 스페인 정복자 프란시스코 피사로에 의해 점령된 후 스페인 식민지 시대 동안 중요한 도시로 발전했다. 따라서 쿠스코에서는 잉카와 스페인 양식이 혼합된 건축물들을 많이 볼 수 있으며 고산에 있는 가장 아름다운 도시 중 하나다. 현재는 유네스코 세계문화유산으로 지정되어 있다. 쿠스코 공항에 내리자마자 숨이 텁텁하게 막히고 약간 멍한 느낌이 드는 고산 증세가 올 수 있지만 당황하지 말고 침착히 잘 적응해 보자. 쿠스코 시내에서 한 바퀴 돌아보고 고산에 쉽게 적응이 되지 않는다면 숙소를 우루밤바처럼 상대적으로 고도가 낮은 곳으로 잡으며 마추픽추 등산을 노려보는 것도 전략이다.

쿠스코 들어가기

간혹 기상 등의 이유로 항공이 지연되거나 취소되는 경우도 있다. 이 경우 현장 카운터에서 대체 항공편을 제공받는 등 문제를 해결해야 한다. 항공사의 오버부킹으로 항공 좌석이 취소되는 경우도 있다. 따라서 남미 여행은 남미 항공에 정통한 여행사를 끼고 다니는 것이 최선이다.

✈ 항공

리마에서 쿠스코까지는 육로로 약 20시간이 소요되므로 항공 이동이 좋다. 항공 예약이 되어 있다면 공항에 가기 전에 미리 인터넷으로 사전 체크인을 할 수도 있겠지만, 남미 항공사 홈페이지들은 오류가 잦다. 사전 체크인이 안 된다면 현장에서 체크인하도록 하자. 위탁 수하물 무게는 20kg이다. 비행시간은 약 1시간 20분 소요된다.

공항에서 이동하기

리마에서 쿠스코는 국내선이므로 출발 두 시간 전까지는 공항에 도착하는 것이 좋다. 리마 공항은 들어갈 때 E-티켓과 여권을 요구한다. 공항 건물 내부로 들어가면 키오스크를 이용하여 티켓과 짐 태그를 받도록 하자. 키오스크 오류가 난다면 카운터로 가서 사정을 얘기하고 티켓과 짐 태그를 받을 수 있다. 리마의 코드명은 LIM이며 쿠스코는 CUZ이다. 짐 태그에 코드명이 제대로 적혀 있는지 확인하고 컨테이너로 올리기 직전 캐리어의 사진을 꼭 찍어놓자. 첫날은 쿠스코의 아르마스 광장부터 향하여 어여쁜 도시를 둘러보도록 하자.

Tip | 고산증

쿠스코 공항에 착륙하면 고산 증세에 대비해야 한다. 말을 최대한 줄이고 몸에 힘을 빼고 천천히 걷도록 하자. 아무리 몸이 괜찮다 느껴져도 조금만 무리하는 순간 컨디션이 급작스럽게 악화한다. 현지 약국에서 판매하는 고산증 약을 복용하면 증세가 완화된다. 약의 이름은 소로치필이며 한 갑을 사놓고 12시간에 한 알씩 먹으면 볼리비아 고산 지대까지 버틸 수 있다. 하지만 약에 너무 의존하지 않고 자연스레 몸이 고산에 적응되는 것이 베스트다. 행동을 차분히 하며, 버틸 만하다면 약을 꼭 먹지 않아도 괜찮다. 반대로 증상이 너무 심해서 쓰러질 것 같다면, 산소포화도 측정을 해보자. 60~70 정도로 나올 것이다. 호텔 리셉션 등에 도움을 요청하고, 앉아서 산소 흡입을 1시간 정도 하면 괜찮아진다.

✱ 역사

쿠스코 지역은 잉카 제국이 번영하기 전부터 여러 고대 문명의 거주지였다. 고고학적 증거에 따르면, 이 지역에는 킬케^{Killke} 문화가 존재했으며, 이들은 900년에서 1200년 사이에 쿠스코 계곡에 정착했다. 킬케 문화의 유적은 현재의 삭사이와망 요새와 같은 곳에서 발견된다.

쿠스코는 13세기 중반부터 잉카 제국의 수도로 발전했다. 잉카 제국의 전설에 따르면, 첫 번째 사파 잉카(황제)인 망코 카팍^{Manco Cápac}이 쿠스코를 설립했다. 쿠스코는 '세계의 배꼽'이라는 의미를 가지며, 잉카 제국의 정치적, 군사적, 문화적 중심지로 기능했다. 이 시기에 쿠스코는 삭사이와망, 코리칸차(태양의 신전), 그리고 여러 중요한 건축물이 세워졌다.

1533년, 스페인 정복자 프란시스코 피사로가 쿠스코를 점령하면서 잉카 제국의 멸망이 시작되었다. 스페인 정복자들은 잉카의 도시 구조를 유지하면서도, 스페인식 건축물을 추가하여 식민지 도시로 변모시켰다. 이 시기에 많은 잉카 유적이 파괴되거나 교회와 같은 스페인식 건물로 재건축되었다. 코리칸차 위에 산토 도밍고 수도원이 세워진 것이 대표적 사례다. 1821년, 페루는 스페인으로부터 독립을 선언했으며, 쿠스코는 신생 공화국의 중요한 도시로 성장했다. 19세기와 20세기 초반에는 경제적, 사회적 변화를 겪으며 현대화되었다. 20세기 중반에는 대규모 인구 이동이 발생하면서 도시가 급격히 확장되었다.

오늘날 쿠스코는 페루의 주요 관광지로, 매년 수백만 명의 관광객이 방문하는 유네스코 세계 문화유산 도시다. 또한 마추픽추로 가는 관문 역할을 하며 페루의 문화적 중심지로 자리 잡고 있다.

✱ 지형

페루 남부 안데스산맥의 중심부에 있는 고원 도시로, 해발 약 3,400m에 자리 잡고 있다. 또한 여러 계곡과 평야로 둘러싸여 있는데, 쿠스코 북쪽 우루밤바에 있는 성스러운 계곡은 잉카 문명의 중요한 농업 지역이었다. 비옥한 토양과 온화한 기후 덕분에 다양한 농작물이 재배되었으며, 현재도 농업 활동이 활발하다. 우루밤바 강이 이 계곡을 따라 흐르며, 농업과 관개에 중요한 역할을 한다.

✖ 날씨

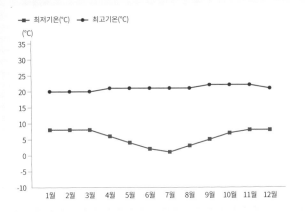

<table>
<tr><td>■ 최저기온(°C)</td><td>● 최고기온(°C)</td></tr>
</table>

(위 그래프: 최저기온과 최고기온을 1월부터 12월까지 표시. y축 단위 °C, 범위 -10 ~ 35)

연중 온화한 편이며, 건기와 우기의 차이가 뚜렷하다. 4월부터 10월이 건기이며, 11월부터 3월이 우기이다. 쿠스코의 높은 고도는 낮 동안 햇빛을 더 직접적으로 받아들이게 하고, 대기가 얇아지는 효과를 가져온다. 따라서 낮에는 온도가 상대적으로 높고 밤에는 열이 빠르게 방출되어 기온이 급격히 떨어진다. 또한 고도가 높기에 습도가 낮다. 반면에 자외선 지수가 높은 편이기에 자외선 차단제를 자주 사용하는 것이 좋다.

✖ 교통

주로 택시, 버스, 콤비(소형 버스)를 이용한다. 쿠스코 중심가는 길의 폭이 아주 좁다. 광장에서는 20인승 차량은 주정차가 금지되어 있어, 15인승까지가 기동에 유리하다. 주정차 규정을 어길 시 어마어마한 벌금을 문다. 마추픽추에 가기 위해선 페루 레일Peru Rail이나 잉카 레일Inca Rail을 이용해야 한다.

Tip │ 고산증 대처 방법

쿠스코 공항에 도착하면 대부분 고산증을 겪게 될 것이다. 해발 고도가 높아질수록 공기 중의 산소 농도가 낮아져 체내에 공급되는 산소량이 줄어든다. 이에 따라 신체 조직과 장기에 충분한 산소가 공급되지 않아, 새로운 환경에 적응하기 전까지는 두통, 어지러움, 피로, 메스꺼움 등 다양한 증상이 나타난다. 고산 지역에서 생기는 자연스러운 신체 반응으로, 적응하면 괜찮아지는 사람도 많다. 증세를 완화하며 고산증을 대처하기 위한 방법은 다음과 같다.

❶ **수분 섭취:** 충분한 물을 마시는 것이 중요하다. 고도가 높아지면 탈수 현상이 발생하기 쉬우므로, 수분 보충에 신경 쓴다.

❷ **코카 잎 차:** 현지에서는 고산증 완화를 위해 코카 잎 차를 마시는 전통이 있다. 코카 잎 차는 쿠스코의 거의 모든 카페와 호텔에서 제공된다.

❸ **약물 복용:** 고산증 예방 약물을 복용하는 방법이 있다. 현지 고산증 약이 잘 든다.

❹ **천천히 움직이기:** 고도가 높은 곳에서는 심한 운동이나 빠른 움직임을 피하고, 천천히 활동하는 것이 좋다. 말을 많이 하는 것도 좋지 않다.

❺ **산소 흡입:** 약국에서 산소 캔을 구입해 사용하거나, 호텔 리셉션에 요청하여 산소 흡입을 통해 증상을 완화할 수 있다. 쿠스코의 거의 모든 호텔에서 산소 흡입기가 구비되어 있다.

※ 이 방법들을 동원해도 증상이 호전되지 않는다면 고산의 도시에서 벗어나는 수밖에 없다. 고산 지역에 머물며 병원에 입원하더라도 소용없다. 현지 의사는 폐부종을 진단하며 입원 및 휴식을 권한다. 폐부종이 곧 고산증이다. 또한 비행기 타는 것도 위험하다고 경고한다. 입원하게 되면 언제 호전될지 모르는 몸 상태를 기다리며 시간과 비용이 허비된다. 건강을 위해서도, 남은 남미 여행을 위해서도 결단을 내려 칠레의 산티아고 등 낮은 지대로 이동하도록 하자. 비행기로 빠르게 가는 것이 좋다. 내려가자마자 씻은 듯이 낫는다.

⇧ 삭사이와망
Sacsayhuaman
(500m)

Ⓡ 마추 피스코
Machu Pisco Bar & Restaurant
오얀따이땀보
Ollantaytambo

프레콜롬비노 예술 박물관
Museo de Arte Precolombino ●

잉카 박물관
Museo Inca

산 블라스 광장
Plaza de San Blas

살리네라스
Salineras
(4.5km) ⇧

쿠나
Kuna
Ⓢ

Ⓜ
KFC

우추 페루비안
스테이크하우스
Uchu Peruvian
Steakhouse

대성당
Catedral

아르마스 광장
Plaza de Armas

●12각의 돌
La Piedra de
los 12 Angulos

Ⓡ 까온 페루비안 차이니스
KION Peruvian Chinese

가토스 마켓
Gato's Market Ⓢ

Plaza
Regocijo

라 콤파니아 데 헤수스 교회 ●
Templo de la Compania de Jesus

Ⓡ 피스코 박물관
Museo del Pisco

초코 박물관 Ⓢ
Choco Museo

쿠나 바이 알파카 111
Kuna by Alpaca 111 Ⓢ

ⓘ

● 민속 공예
박물관
Museo de
Arte Popular

Plaza
San Francisco

Ⓑ

케이푸드 쿠스코 Ⓡ
K-Food Cusco

산토 도밍고 교회 & 코리칸차
Iglesia de Santo Domingo &
Qorikancha

센트로 데 텍스타일
트래디셔날레스 델 쿠스코
Centro de Textiles
Tradicionales del Cusco
Ⓢ

Ⓡ 산 페드로 시장
Mercado San Pedro

민속 예술 센터
Centro Qosqo de Arte Nativo ●

페리아 아르테사날 데 프로덕토레스
Feria Artesanal de Productores
Ⓢ

구

N
⊕

쿠스코

완착 기차역
完착 기차역 🚂
(200m)

버스터미널 🚌
(1km)

공항 ✈
(2km)

친체로, 우루밤바행
🚌 버스정류장

★ 쿠스코의 어트랙션

잉카 제국의 수도이자 페루 문화의 중심지 쿠스코, 성스러운 계곡을 따라 시간여행을 떠나보자!

★★★
쿠스코 대성당 Catedral de Cusco

페루 쿠스코의 중심에 있는 유네스코 세계 문화유산으로, 1539년에 착공되어 1654년에 완공된 스페인 식민지 시대의 건축물이다. 고딕, 르네상스, 바로크 양식이 혼합된 이 성당은 잉카의 비라코차 신전 자리에 세워졌으며, 내부는 금으로 장식된 황금 제단과 쿠스코 미술 학교의 종교 미술 작품들로 꾸며져 있다. 특히 검은 예수상El Señor de los Temblores은 쿠스코 주민들에게 중요한 신앙의 대상이다. 전설에 따르면, 이 예수상은 1650년 대지진 때 쿠스코를 지키기 위해 사용되었으며, 지진이 멈춘 후 더 큰 경외와 존경을 받게 되었다. 오늘날에도 매년 성 주간 동안 이 예수상을 기리는 행렬이 열리는데 이는 쿠스코에서 가장 중요한 종교 행사 중 하나로 손꼽힌다.

주소 Plaza de Armas

★★★
12각 돌 La Piedra de los 12 Angulos

잉카 제국의 건축 기술을 대표하는 중요한 문화유산으로서, 쿠스코 광장에서 아뚠루미욕Hatunrumiyoc 거리로 5분 정도 걸어 올라가면 만날 수 있다. 12개의 각을 가진 돌이며 원래 잉카 궁전의 일부였다. 금속 도구나 몰탈 같은 접착제가 사용되지 않았으며, 돌을 서로 맞물리게 끼워 맞추었다. 현재는 성당 및 박물관 건물의 외벽으로 사용되고 있다.

주소 Hatun Rumiyco

★★★
페루 레일 Peru Rail

마추픽추, 푸노, 아레키파 등을 연결하는 노선을 운영하며 페루에는 잉카 레일과 페루 레일 두 기차밖에 없다. 마추픽추로 향하는 관문이기도 한데, 가는 도중에 창밖으로 보이는 계곡의 경치가 끝내준다. 마추픽추로 갈 때는 우루밤바에 있는 오얀따이땀보역을 이용하면 좋다. 쿠스코에 도착해서 고산 증세가 너무 심할 시 고도가 상대적으로 낮은 우루밤바에 숙소를 잡는다면 다음 날 아침에 오얀따이땀보역에서 기차를 타기 편하다. 페루 레일은 공식 웹사이트를 통해 온라인으로 티켓을 예약하거나 쿠스코 시내에 있는 대리점에서 예약할 수 있다. 성수기 때는 마추픽추처럼 빨리 매진되므로 미리 준비해야 한다.

오얀따이땀보 Ollantaytambo

★★★

오얀따이땀보는 케추아어로 오얀따이 장군의 휴식처를 의미한다. 오얀따이는 잉카의 왕인 파차쿠텍 휘하의 장군인데, 왕의 딸과 사랑을 나누었다. 하지만 당시 장군의 신분으로는 왕가의 딸과 결혼할 수 없었다. 장군은 공주를 데려왔고, 이로 인해 오얀따이 장군과 파차쿠텍 왕 사이에 10년간의 전쟁이 벌어졌다. 오얀따이땀보는 오얀따이 장군이 파차쿠텍 왕의 군대에 맞서 저항했던 군사 요새였다.

또한 종교, 정치, 농업의 중요한 중심지였는데, 가장 중요한 장소 중 하나는 태양신을 섬기기 위한 장소인 태양의 신전이다. 이 신전은 6개의 큰 돌로 이루어져 있다. 돌 하나가 자그마치 40톤에 이른다. 수천 잉카인들은 카치카타Qachiqata라는 채석장으로부터 이 무거운 돌을 밧줄로 끌고 약 8km를 운반한 것이다.

오얀따이땀보는 또한 스페인 침략 이후 잉카의 마지막 저항 중 하나인 망코 잉카Manco Inca의 피난처이자 저항지였다. 이후 망코 잉카는 스페인 군대에 맞서 저항을 계속하기 위해 빌카밤바Vilcabamba 정글로 향했는데, 이곳은 결국 잉카의 마지막 장소가 된다.

모라이 Moray

★★★

잉카의 계단식 밭인 안데네스Andenes가 원형의 독특한 모양으로 펼쳐진 곳. 넓은 잉카 제국의 땅에서 갖가지 식물을 가져와, 날씨와 고도에 따라 경작물이 어떻게 자라는지 실험했을 것으로 보고 있다. 잉카의 농업 기술이 뛰어난 이유도 이러한 연구를 실행한 결과였다. 온도 차를 이용해 따뜻한 곳에서 자라는 옥수수 같은 식물은 계단식 밭의 제일 바닥에, 감자와 같이 찬 농작물은 위쪽에 심었다. 지금도 페루는 약 4,000종의 다양한 감자 품종을 재배하는 나라다.

📷 ★★★
살리네라스 Salineras

해발 3,000m 황토색의 산비탈에 가득 들어차 있는 소금 염전으로, 약 3,000개의 작은 소금 웅덩이가 계단식으로 구성되어 있다. 이곳은 바닷속 지반이 융기하면서 생긴 암염 지대로, 암염이 녹아 흘러내리는 물을 가두어 햇빛에 증발시켜 소금을 얻는다. 소금은 잉카 시대 귀중한 자원이었으며 지금도 여전히 옛날 방식 그대로 소금을 채취한다.

📷 ★★★
삭사이와망 Sacsayhuaman

쿠스코에서 북쪽으로 2km 떨어진 곳에 자리한 거대한 석벽의 잉카 유적. 15세기 잉카의 전성기 때 파차쿠텍Pachacutec 왕이 건설을 시작해 그다음 후계자 시절에 완성했다. 쿠스코 시내에서 볼 수 있는 석벽 기술과 동일한 기술을 사용했지만, 거대한 돌의 크기는 규모 면에서 쿠스코 시내의 유적과 비교할 수 없을 정도다. 가장 큰 벽은 높이 9m, 무게 350톤에 이른다. 서로 다른 크기의 돌들을 미세한 틈조차 없게끔 쌓아 올리고 모서리 부분은 절묘하게 돌을 깎아 이어 붙였다. 마치 성벽처럼 보여 요새라는 설이 있기도 하고, 쿠스코에 물을 대기 위한 수로 시설이라는 설, 잉카 시대 때 퓨마를 숭배해 쿠스코를 퓨마 모양으로 건설했는데, 그 머리에 해당하는 부분이라는 설 등 다양한 가설이 있다. 스페인 군대가 침략했을 당시 항쟁을 위한 요새로써 스페인군과 접전을 벌였던 곳이기도 하다.

📷 ★★★
마추픽추 Machu Picchu

페루 혹은 남미 하면 떠오르는 대표적인 유적지인 마추픽추는 쿠스코에서 110km 떨어져 있으며 해발고도 2,400m에 자리하고 있다. 잉카시대 파차쿠텍의 지시로 1450년에 세워진 것으로 추정되고, 스페인 식민지 시절에는 발견되지 않았다가 이후 1911년 미국의 역사학자 하이럼 빙엄Hiram Bingham에 의해 발견되면서 세계적인 주목을 받기 시작했다. 원형에 가까운 형태로 산 아래서는 전혀 보이지 않아 '잃어버린 공중 도시'라 불리며 세계 7대 불가사의, 유네스코 세계 문화유산으로 지정되기도 했다. 면도날 하나 들어가지 않을 정도로 완벽한 석조 기술을 볼 수 있어 다시금 잉카인들의 손재주에 감탄하게 된다. 신전, 농경 지역, 귀족이나 사제들의 거주 지역, 일반 거주 지역, 수로 등 도시의 면모를 확연하게 갖추고 있다. 잉카인들은 어째서 이런 깊은 산속에 도시를 건설했던 걸까? 스페인의 침략을 피해 황금으로 건설한 최후의 도시였다는 주장, 인재를 길러내기 위한 숨은 학교라는 주장, 종교적인 목적의 도시라는 주장, 농경과 관련된 연구를 목적으로 지어진 도시라는 주장 등 다양한 설이 존재한다. 하지만 그 누구도 명확하게 밝혀내지 못했다. 이유가 무엇이든 신비롭기만 한 마추픽추에서 잉카의 숨결을 느낄 수 있다.

▶▶ 신성한 광장과 3개의 창문 신전
Plaza Sagrada & Templo de las Tres Ventanas

신전들이 모여 있으며 의식이 치러졌던 장소로 짐작되는 곳이다. 반듯하고 정교한 석조 기술이 일반인들의 거주 지역과는 비교되는 것으로 보아

그 중요성을 알 수 있다. 또한 하지나 동지에는 창문을 통해 정확히 태양 빛이 들어차는데, 이에 따라 천문학적 기능도 있었음을 짐작해 볼 수 있다.

▶▶ 망지기의 집
Recinto del Guardian

입구로 들어서서 왼쪽의 가파른 길을 오르면 마추픽추와 와이나픽추가 한눈에 내려다보인다. 우리가 흔히 알고 있는 마추픽추의 전경을 사진 찍을 수 있는 장소이며, 이곳에서 바라보는 마추픽추의 모습이 가장 아름답다. 망지기의 집 뒤편에서는 전면에서 보는 모습과는 또 다른 아름다움을 감상할 수 있다.

▶▶ 계단식 경작지 (테라스)
Terraza Agricola

평지가 없는 마추픽추의 지리적 결함을 보완하고자 비탈을 빙 둘러 가며 축대를 쌓아서 농경지로 활용했다. 잉카인들은 이곳에서 옥수수와 감자, 코카 등을 재배했다고 한다. 농경지와 가옥의 규모로 볼 때 당시 마추픽추의 인구는 1만여 명으로 추정되며, 그들이 먹고 살기에 충분한 양을 생산해 냈다. 부족한 농지를 늘리기 위해 가파른 비탈을 효율적으로 이용한 잉카인들의 기술과 지혜가 돋보인다.

▶▶ 해시계 인티와타나
Observatorio Astronomico Intihuatana

마추픽추 유적지 내에서 가장 높은 곳에 위치해 있으며, 중앙부가 돌출되어 있어 기둥의 그림자를 통해 해시계 역할을 했다. 또한 그림자를 이용해 계절의 변화도 파악했다고 전해진다.

▶▶ 성스러운 바위 Roca Sagrada

와이나픽추로 가는 길목에 있는 삼각형 모양의 거대한 바위로, 뒤편의 산맥 모양과 묘하게 겹쳐져 신성한 장소로 여겨진다. 많은 사람들이 바위에 손을 대고 기도를 올렸는데, 현재는 너무 많은 이들이 돌을 만지고 올라서는 바람에 유적지 보존 차원에서 돌을 만질 수 없게 해두었다. 아쉽지만 방침에 따라 돌을 건드리지 말자.

▶▶ 와이나픽추 Huayna Picchu

'늙은 봉우리'라는 뜻을 가진 마추픽추와 반대로 와이나픽추는 '젊은 봉우리'라는 뜻을 가지고 있다. 해발고도 2,700m로 우뚝 솟은 와이나픽추 꼭대기에서 바라보는 전경은 그야말로 감탄이 절로 나온다. 하지만 이곳은 가파르고 좁은 등산로를 2시간 가까이 따라 올라가야 하기 때문에 결코 만만치 않다. 또한 와이나픽추는 하루에 입장할 수 있는 인원이 400명으로 제한되어 있어 오전부터 마감되는 경우가 많고, 와이나픽추 티켓에 오를 수 있는 시간이 나뉘어 있으니 확인하도록 하자. 13시 전후로 입산을 마감하고 16시까지 하산해야 한다.

▶▶ 귀족 거주지 Las Tres Portadas

거주 지역은 신분에 따라 지대의 높낮이가 다르다. 북쪽 지역은 주로 낮은 계급의 사람들이 살았던 곳으로 돌의 짜임새가 신전 지역보다는 엉성하고 고르지 못하다. 반면, 남쪽 지역은 왕족과 귀족, 신을 모시는 사제들이 살았던 지역이다. 북쪽과 비교하면 정교하고 고르게 돌을 쌓아 올린 주거 지역을 확인할 수 있다. 3개의 문이 달려 있던 흔적이 있어 'Las Tres Portadas'라고 불린다.

▶▶ 콘도르 신전 Templo del Condor

자연에 있던 돌과 잉카의 석조 기술을 이용해 마치 날개를 펼친 독수리의 형태와 비슷한 유적을 만들었다. 콘도르, 푸마, 뱀은 잉카문명에서 신성시되는 동물이었다. 바닥에는 머리와 부리가 있고, 이를 중심으로 양쪽으로 펼친 듯한 거대한 크기의 날개는 보는 이들로 하여금 탄성을 자아내게 한다. 그 밑으로 좁은 통로가 나 있는데, 돌 의자와 작은 공간이 있다. 추측에 의하면 희생 의식이 치러졌던 장소였을 것이라 한다. 신전 뒤로는 미라가 발견된 동굴도 있으며 죄수를 가둬 놓은 공간으로 추측된다.

▶▶ 수로 Fuentes

잉카인들은 높은 산에서도 자유롭게 물을 쓸 수 있게끔 수로를 만들었다. 돌을 깎아 만들어낸 수로 시설은 잉카의 다른 유적지에서 볼 수 있는 것들과 같은 방식이다. 정교하게 돌 틈을 깎아 도시 전체로 물을 흐르게 했던 것으로 보아 잉카인들의 관개기술 또한 대단히 발전했음을 짐작할 수 있다.

▶▶ 태양의 신전 Templo del Sol

커다란 자연석 위에 둥근 형태로 돌을 쌓아 올려 다른 구조물들과 차이를 보인다. 건물 위쪽의 창에서 들어오는 태양빛을 관찰하여 계절의 변화를 읽었고, 이를 농경에 적용시켰다. 잉카의 새해인 6월 21일이면 태양빛이 정확하게 창문으로 들어온다. 이를 보기 위해 세계 각국에서 여행자들이 몰려온다.

▶▶ 능묘 La Tumba Real

태양의 신전 아래 삼각형 지붕을 받친 석실이 자리하고 있다. 왕족의 미라를 안치했던 능묘로 추측되고 있으며, 석실 안쪽에 미라를 두고 계단 모양의 제단에 제물을 바친 것으로 전해진다. 태양의 신전 하부에 위치해 있어 그 중요성을 미루어 짐작할 수 있다.

마추픽추 투어

마추픽추로 향하는 길은 모든 순간이 소중한 시간여행처럼 여겨진다. 작고 정겨운 기차역에서 설레는 마음으로 기차에 탑승한다. 안데스 설산을 바라보며 우루밤바강을 따라 천천히 달리는 기차 안에서 우리는 비로소 조급하고 서두르기만 했던 숨 가쁜 일상에서 떠나왔다는 사실을 깨닫고 몸과 마음을 내려놓게 된다. 내려놓은 만큼 다시 채워진다고 했던가? 평생을 꿈꾸던 버킷리스트 마추픽추는 모든 여정을 잔잔하고 또, 커다란 감동으로 채워줄 것이다.

✖ 마추픽추 들어가기

칙칙폭폭 기차를 타고 신비로운 잉카의 골짜기를 지나 마추픽추를 만나러 가자. 버킷리스트에 한 획을 그을 순간이 드디어 찾아온 것이다.

❶ 기차 탑승

오얀따이땀보역에서 아침 일찍 페루 레일 기차를 타고 아구아스 깔리엔떼스역으로 향한다.

❷ 버스 환승

잉카의 골짜기를 가로질러 아구아스 깔리엔떼스역에 도착하면, 언덕 쪽으로 걸어가 마추픽추로 올라가는 셔틀버스를 탄다. 버스에 오를 때 버스표를 확인받아야 한다. 버스를 타고 산을 올라 마추픽추 국립 공원 입구에서 내리게 된다.

❸ 입장 준비

공원 내부에는 화장실이 없으므로 입장하기 전에 미리 다녀오자. 입장소에서는 여권과 미리 준비한 공원 입장권을 준비한다. 기다리는 줄이 길다.

❹ 투어 시작

투어 중에는 뒤로 돌아갈 수 없으며 공인 가이드를 따라다녀야 한다. 정해진 코스를 이탈하거나 규정에 어긋나는 행위를 하면 공원 통제 직원에게 강제로 퇴출 당한다.

❺ 마을 복귀

투어가 끝나면 오전에 탔던 셔틀버스를 타고 내려간다. 기차 타기 전에 마을에서 식사를 하면 좋다.

✖ 마추픽추 코스 선택하기

어느 길을 선택할 것인가! 마추픽추의 길을 골라보자. 2024년 6월 1일부터 마추픽추 국립 공원 코스는 총 10개로 정리되었다. 코스가 여러 개로 나뉜 이유는 유네스코에서 문화유산 관리 차원에서 동시 방문객 수를 제한하기 때문에 최대한 많은 사람을 수용하려는 방편이다. 1번 코스는 하루에 1,100명, 2번 코스는 3,050명, 3번 코스는 1,450명이 들어갈 수 있다.

요금 S/.152~200
(입장권 가격 변동이 심하므로 공식 홈페이지에서 확인)

홈피 tuboleto.cultura.pe
(입장권 구매)

입장권	코스
1번 코스 or 2번 코스	2-A / 2-B / 3-B
3번 코스	1-A / 3-B
4번 코스	3-A
4번 코스 (마추픽추/후추이픽추)	3-B / 3-D

Tip | 마추픽추 투어 준비

마추픽추 투어 준비물
1. 여권
2. 모자
3. 선글라스
4. 선크림
5. 우비(마추픽추의 날씨는 예측할 수가 없다)

마추픽추 국립 공원 반입 금지 품목
1. 셀카봉
2. 삼각대
3. 등산 스틱(고무커버 끼면 가능)
4. 드론
5. 우산

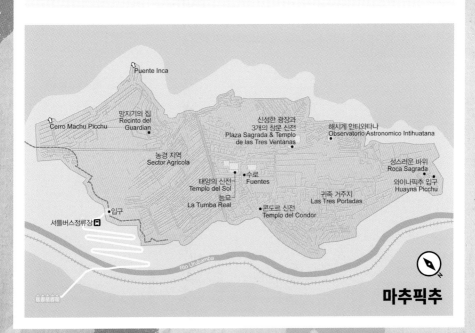

① 1번 코스 파노라마

1-A길 마추픽추 산의 길 Ruta Montaña Machupicchu

잉카에 의해 숭배받던 마추픽추 및 주요 산들의 파노라믹 뷰를 제공
한다. 주로 계단식 경작지와 마추픽추산을 본다.

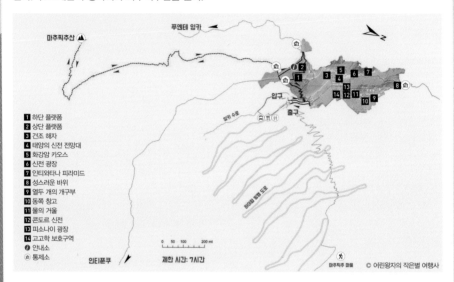

1 하단 플랫폼
2 상단 플랫폼
3 건조 해자
4 태양의 신전 전망대
5 화강암 카오스
6 신전 광장
7 인티와타나 피라미드
8 성스러운 바위
9 열두 개의 개구부
10 동쪽 창고
11 물의 거울
12 콘도르 신전
13 피소나이 광장
14 고고학 보호구역
ⓘ 안내소
ⓜ 통제소

제한 시간: 7시간

© 어린왕자의 작은별 여행사

1-B길 상부 테라스의 길 Ruta Terraza Superior

잉카 도시와 그 주변의 산들을 넓게 볼 수 있다. 빌카노타 계곡의 신비
로운 빌카밤바 형성물을 관찰할 수 있으며, 계단식 경작지도 지난다.

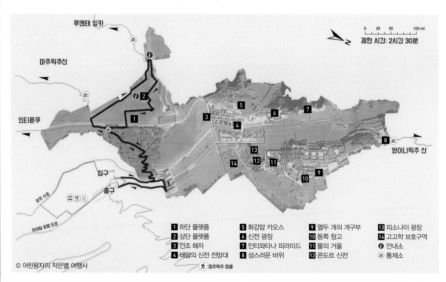

제한 시간: 2시간 30분

© 어린왕자의 작은별 여행사

1 하단 플랫폼
2 상단 플랫폼
3 건조 해자
4 태양의 신전 전망대
5 화강암 카오스
6 신전 광장
7 인티와타나 피라미드
8 성스러운 바위
9 열두 개의 개구부
10 동쪽 창고
11 물의 거울
12 콘도르 신전
13 피소나이 광장
14 고고학 보호구역
ⓘ 안내소
ⓜ 통제소

1-C길 인티푼쿠 문(태양의 문)의 길Ruta Portada Intipunku

전통적인 잉카 길을 따라가며, 약 1.7km. 정상에 도착하면 신성한 통제 구역을 만날 수 있다. 탐보와 파차마마와 같은 성역도 들린다. 성수기(일반적으로 4~10월)에만 운영하는 코스이다.

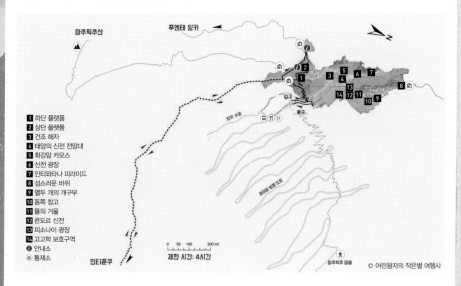

1 하단 플랫폼
2 상단 플랫폼
3 건조 해자
4 태양의 신전 전망대
5 화강암 카오스
6 신전 광장
7 인티와타나 피라미드
8 성스러운 바위
9 열두 개의 개구부
10 동쪽 창고
11 물의 거울
12 콘도르 신전
13 피소나이 광장
14 고고학 보호구역
ⓘ 안내소
⌂ 통제소

© 어린왕자의 작은별 여행사

1-D길 푸엔테 잉카의 길Ruta Puente Inka

푸엔테 잉카는 잉카 다리라는 뜻이다. 1.3km의 짧은 거리로 빌카노타 계곡과 주변 경관을 감상할 수 있다. 성수기(일반적으로 4~10월)에만 운영하는 코스다.

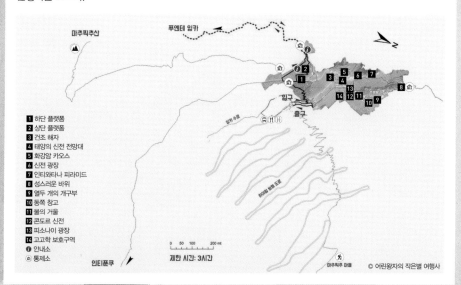

1 하단 플랫폼
2 상단 플랫폼
3 건조 해자
4 태양의 신전 전망대
5 화강암 카오스
6 신전 광장
7 인티와타나 피라미드
8 성스러운 바위
9 열두 개의 개구부
10 동쪽 창고
11 물의 거울
12 콘도르 신전
13 피소나이 광장
14 고고학 보호구역
ⓘ 안내소
⌂ 통제소

© 어린왕자의 작은별 여행사

❷ 2번 코스 클래식 마추픽추

2-A길 맞춤 설계된 길Ruta diseñada

콜카스, 테라스 시스템, 의식용 건물, 주거지, 플랫폼, 수로, 광장, 물의 샘, 와카 등을 거친다. 농업 구역, 락타 푼쿠, 화강암 지대, 성스러운 광장, 성스러운 바위와 거울의 방 등을 방문할 수 있다.

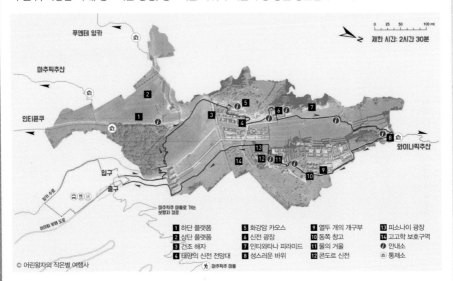

1 하단 플랫폼   5 화강암 카오스   9 열두 개의 개구부   13 피소나이 광장
2 상단 플랫폼   6 신전 광장   10 동쪽 창고   14 고고학 보호구역
3 건조 해자   7 인티와타나 피라미드   11 물의 거울   ℹ 안내소
4 태양의 신전 전망대   8 성스러운 바위   12 콘도르 신전   🏛 통제소

© 어린왕자의 작은별 여행사

2-B길 하부 테라스의 길Ruta Terraza Inferior

농업 지역 일부와 마추픽추의 주요 주거 지역을 방문한다. 채석장, 의식용 및 주거용 건물, 주요 광장, 성스러운 바위, 물의 거울 등을 만난다.

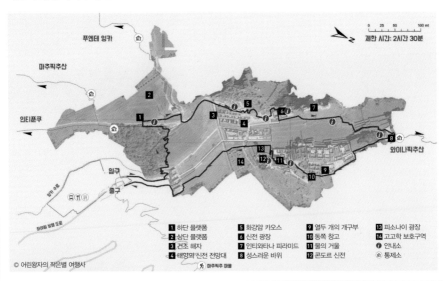

1 하단 플랫폼   5 화강암 카오스   9 열두 개의 개구부   13 피소나이 광장
2 상단 플랫폼   6 신전 광장   10 동쪽 창고   14 고고학 보호구역
3 건조 해자   7 인티와타나 피라미드   11 물의 거울   ℹ 안내소
4 태양의 신전 전망대   8 성스러운 바위   12 콘도르 신전   🏛 통제소

© 어린왕자의 작은별 여행사

❸ 3번 코스 로얄 마추픽추

3-A길 와이나픽추산의 길 Ruta Montaña Waynapicchu
와이나픽추산 정상으로 가는 경로는 약 2.4km 길이로, 어느 정도 난이도가 있다. 이 산은 신성한 장소이자
천문학적 관찰을 위한 곳이기도 하다.

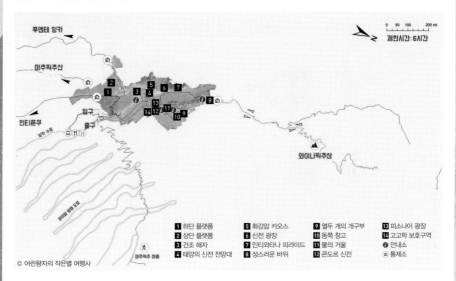

© 어린왕자의 작은별 여행사

1 하단 플랫폼	**5** 화강암 카오스	**9** 열두 개의 개구부	**13** 피소나이 광장
2 상단 플랫폼	**6** 신전 광장	**10** 동쪽 창고	**14** 고고학 보호구역
3 건조 해자	**7** 인티와타나 피라미드	**11** 물의 거울	❻ 안내소
4 태양의 신전 전망대	**8** 성스러운 바위	**12** 콘도르 신전	⌂ 통제소

3-B길 맞춤 설계된 길 Ruta diseñada
왕실 잉카가 점유했던 가장 신성한 장소를 들리며, 위대한 건물을 볼 수 있다. 콜카스, 농업 테라스 시스템,
의식용 건물, 콘도르 사원을 방문한다.

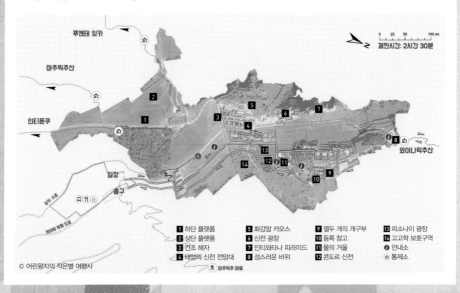

© 어린왕자의 작은별 여행사

1 하단 플랫폼	**5** 화강암 카오스	**9** 열두 개의 개구부	**13** 피소나이 광장
2 상단 플랫폼	**6** 신전 광장	**10** 동쪽 창고	**14** 고고학 보호구역
3 건조 해자	**7** 인티와타나 피라미드	**11** 물의 거울	❻ 안내소
4 태양의 신전 전망대	**8** 성스러운 바위	**12** 콘도르 신전	⌂ 통제소

3-C길 **그란 카베르나의 길** Ruta Gran Caverna

그란 카베르나로 가는 길은 와이나픽추산과 연결되어 있으며, 약 3km 거리로 꽤 난이도가 있다. 중앙에는 의식용으로 사용된 것으로 보이는 돌로 조각된 '티아나'가 있다. 성수기(일반적으로 4~10월)에만 운영하는 코스다.

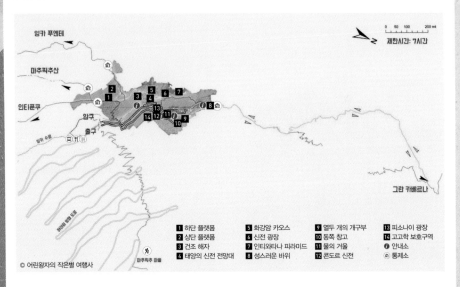

1 하단 플랫폼	5 화강암 카오스	9 열두 개의 개구부	13 피소나이 광장
2 상단 플랫폼	6 신전 광장	10 동쪽 창고	14 고고학 보호구역
3 건조 해자	7 인티와타나 피라미드	11 물의 거울	ⓘ 안내소
4 태양의 신전 전망대	8 성스러운 바위	12 콘도르 신전	ⓜ 통제소

© 어린왕자의 작은별 여행사

3-D길 **후추이픽추의 길** Ruta Huchuypicchu

와이나픽추산의 일부인 후추이픽추산으로 바로 통하는 길이다. 짧지만 높은 곳에서 마추픽추 잉카 도시를 다른 각도로 감상할 수 있다. 성수기(일반적으로 4~10월)에만 운영하는 코스다.

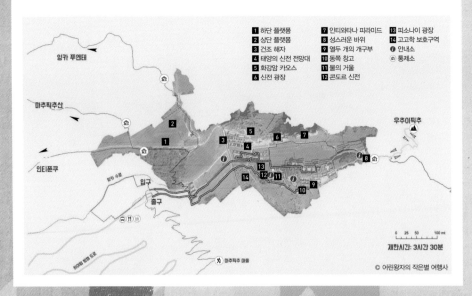

1 하단 플랫폼	7 인티와타나 피라미드	13 피소나이 광장
2 상단 플랫폼	8 성스러운 바위	14 고고학 보호구역
3 건조 해자	9 열두 개의 개구부	ⓘ 안내소
4 태양의 신전 전망대	10 동쪽 창고	ⓜ 통제소
5 화강암 카오스	11 물의 거울	
6 신전 광장	12 콘도르 신전	

© 어린왕자의 작은별 여행사

성스러운 계곡 투어

우루밤바Urubamba, 오얀따이땀보Ollantaytambo, 아구아스 칼리엔테스Aguas Calientes를 거쳐 마추픽추를 넘어 아마존까지 연결되는 황톳빛 계곡을 성스러운 계곡이라 부른다. 성스러운 계곡 투어 중에 오얀따이땀보, 살리네라스, 모라이, 삭사이와망을 방문하면 알차고 실속 있는 하루를 보낼 수 있다.

❶ 오얀따이땀보

스페인 군대에 맞서 잉카가 최후까지 저항한 마을 중 하나다. 태양의 신전을 보기 위해선 언덕 위로 20분 정도 올라야 한다. 고산증 때문에 더욱 숨이 찰 것이니 천천히 다녀오도록 하자.

❷ 살리네라스

잉카의 천연 소금 염전이다. 주차장에서 내린 후에 염전 하부 전망대까지 약 20분 정도 걸어내려 간다. 올라오는 길에 현장에서 생산한 소금을 구매할 수 있다.

❸ 모라이

잉카의 농업 연구를 위한 R&D센터이다. 계단식 밭의 형태로 있으며, 지금은 보존을 위해 하부층으로 갈 수 없다. 높은 곳에서 한눈에 보는 것이 가장 멋지고 사진을 찍기에도 좋다.

❹ 삭사이와망

잉카의 거대한 성 터이다. 성벽의 둘레를 따라 한 바퀴를 도는 데 거의 한 시간 정도 걸린다. 신전의 상부까지 오를 수도 있다.

★ 쿠스코의 레스토랑

쿠스코에 도착하면 고산증을 겪을 수 있으므로 고산 지대에 적응할 때까지 과식하지 않는 것이 좋다.

🍴 케이푸드 쿠스코 K-Food Cusco

비교적 최근에 생긴 한식당으로, 쿠스코에서 가장 맛있는 한식당이다. 물과 반찬을 추가 요금 없이 가져다주는 흔치 않은 식당으로, 지구 반대편에서 한국인의 정을 느낄 수 있다. 고산 증세가 있다면 따뜻한 한식을 먹고 기운을 회복해 보자.

주소 Av Tullumayo 542,
　　　Cusco 08000
위치 Limacpampa공원 근처
　　　Bitel 휴대폰 판매점 왼쪽
운영 11:30~21:00
전화 926 962 388

🍴 끼온 페루비안 차이니스 KION Peruvian Chinese

페루 음식과 중국 음식의 합체야말로 진정한 퓨전 음식의 정수라 할 수 있다. 1849년부터 노동자로 이주한 중국인들이 현지 재료와 융합해 발전시킨 완탕 수프, 베이징덕, 돼지고기 튀김, 스프링롤 등이 있으며, 각종 만두와 볶음밥, 볶음면도 한국인의 입맛에 잘 맞는다.

주소 Triunfo 370, Cusco 08002
위치 아르마스 광장에서 12각 돌로
　　　올라가는 트리운포Triunfo거리
　　　중간 오른쪽
운영 12:00~22:00
전화 84 431 862

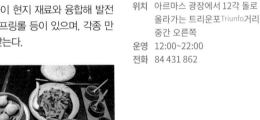

우추 페루비안 스테이크하우스 Uchu Peruvian Steakhouse

현대적인 분위기에 신선한 고기와 와인을 제공하는 페루식 스테이크집이
다. 고기는 초벌되어 뜨거운 돌판 위에 제공되기 때문에 끝까지 따뜻하게
음식을 먹을 수 있다. 이곳은 페루에서만 맛볼 수 있는 알파카 스테이크
를 최고로 맛있게 먹을 수 있는 레스토랑이다.

주소 C. Palacio 135, Cusco 08002
위치 쿠스코 대성당 후면의 골목
운영 12:30~22:00
전화 84 583311

마추 피스코 Machu Pisco Bar & Restaurant

마추피추 투어를 마치고 우루밤바로 돌아가는 기차를 타기 전에 아구아
스 칼리엔테스Aguas Calientes 마을에서 식사하기 좋은 곳이다. 페루의 대표
음식들을 철철 흐르는 우루밤바 강을 감상하며 맛볼 때 풍미가 더욱 깊
어진다. 남미의 전통 음식인 기니피그 통구이 꾸이Cuy 요리도 체험할 수
있다.

주소 Imperio de los Incas 632,
Aguas Calientes 08681
운영 10:00~23:00
전화 900 195 502

볼리비아
Bolivia

볼리비아는 남미 중앙부에 위치한 내륙 국가로, 서쪽은 페루와 칠레, 동쪽은 브라질, 남쪽은 아르헨티나와 파라과이와 접해 있다. 고산 지역이 많으며 수도인 라파즈의 평균 고도는 3,640m이다. 라파즈에 사는 사람들은 스스로 하늘과 가장 가까이 사는 사람들이라 여긴다. 아름다운 안데스 산맥과 광활한 알티플라노 고원 등 다양한 지형을 자랑하는 볼리비아는 잉카의 조상 격 문명인 티와나쿠 문명의 중심지이기도 하다. 주요 산업은 광업과 농업으로, 주로 주석, 은, 리튬 등의 광물 자원의 수출이 경제의 중요한 부분을 차지하고 있다. 또한 전 세계적으로 알려진 명소인 우유니에는 세계에서 가장 큰 소금사막이 있다. 끝없이 펼쳐진 소금 평원의 모습은 죽기 전에 한 번은 봐야 할 신비로운 광경이다.

All about Bolivia

1. 국가 프로필

✱ 국가 기초 정보

국가명 볼리비아 다민족 국가(Plurinational State of Boliva)
수도 라파즈(La Paz, 행정 수도) 수크레(Sucre, 헌법상 수도)
면적 약 1,098,580㎢(남한의 약 11배)
인구 약 1,256만 명
정치 대통령제
인종 원주민, 메스티소, 백인 등
종교 로마 가톨릭, 개신교, 토착 종교
공용어 스페인어, 케추아어, 아이마라어 등
통화 볼리비아노 Boliviano(BOL, 1BOL ≒ 194원)

✱ 국기

볼리비아 국기는 빨간색-노란색-초록색이 위에서부터 아래로 이루어져 있다. 초록색은 자연의 아름다움을 상징하며, 노란색은 볼리비아의 풍부한 자원을, 빨간색은 국민의 용기와 피 흘리는 희생을 상징한다. 국기 가운데에는 볼리비아의 국장이 있으며, 민간에서는 국장이 없는 것을 사용하기도 한다.

✱ 국가 문장

볼리비아의 국가 문장은 방패를 중심으로 콘도르, 독립을 상징하는 창과 월계관이 있다. 방패에 있는 10개의 별은 볼리비아의 영토를 구성하는 9개의 주와, 칠레에 빼앗긴 해안 지역인 안토파가스타를 상징한다.

✱ 공휴일

1월 1일	신년Año Nuevo
1월 22일	볼리비아 다민족 국가 건국일
2월 2일	성모 칸달라리아의 날
4월 18일	성 금요일
5월 1일	노동절Día del Trabajo
6월 19일	성체축일Corpus Christi
6월 21일	원주민의 날Ano Nuevo Aymara
8월 6일	독립기념일Dia de la Independencia
11월 2일	만성절Dia de los Muertos
12월 25일	크리스마스Navidad

*2024년 기준, 해마다 달라질 수 있음.

2. 현지 오리엔테이션

✳ 여행 기초 정보

국가 번호 591
비자 대한민국 여권 소지자는 비자 발급 필수
시차 한국보다 13시간 느리다.
전기 220V, 50Hz

✳ 추천 웹 사이트

주볼리비아 대사관 overseas.mofa.go.kr/bo-ko/index.do

✳ 긴급 연락처

경찰 110
화재 119
구급 앰뷸런스 165

한국 대사관
주소 Calacoto Calle 13, Edificio, Torre Lucia 4-5 Piso, La Paz, Bolivia
운영 월~금 09:00~12:00, 14:00~17:00 (토, 일요일 휴무)
전화 +591 2 2110361

✳ 치안

볼리비아는 남미에서도 최빈국 중 하나이기에 치안이 좋기를 기대하긴
어렵다. 기본적으로 인적이 드문 장소를 피하고 사람이 많은 장소 위주로
다니자. 어두운 곳도 가지 않고, 야간에도 이동을 최소화하자. 택시를 탈
땐 합승은 하지 않고, 많은 금액의 현금이나 귀중품을 휴대하지 않는 것
이 좋다.

✳ 여행 시기와 기후

볼리비아는 동부를 제외한 대부분 지역이 고산 지대에 위치해 있어, 일교
차가 크다. 라파즈와 우유니 같은 고산 지역에서는 낮과 밤의 기온 차이
가 15도에서 20도 이상 나기도 한다. 일반적으로는 11월부터 3월까지는
여름으로 비가 많이 오는 시기이며, 6월부터 9월까지는 건조하고 시원한
겨울이 지속된다.

✳ 여행하기 좋은 시기

고산 지대는 11월 말부터 우기가 시작되며 이듬해 3월까지 이어진다. 그
렇다고 엄청나게 쏟아붓는 우기는 아니기에 걱정하지 않아도 된다. 물이
찬 우유니 소금사막을 보기 위해서는 우기에 가는 것이 좋다.

가장 우아한 볼리비아 일정

1 Day 볼리비아 도착
- 라파즈 시티 투어
- 라파즈 호텔 연박

2 Day 티티카카 투어
- 티티카카 호수 투어
- 라파즈 호텔 연박

3 Day 우유니 투어
- 라파즈–우유니 항공 이동
- 우유니 소금사막 투어
- 우유니 소금 호텔 숙박

4 Day 알티플라노 투어
- 알티플라노 고원 지대 투어
- 숙소 이동

※우유니 지역에는 시설을 제대로 갖춘 숙박 시설이 거의 없다. 우유니는 물이 부족한 지역으로 종종 숙소에서 물이 나오지 않는 경우도 있다. 참고로 고산병 증세를 완화하려면 뜨거운 물로 샤워하는 것을 피해야 한다.

5 Day 깔라마로 이동
- 이토 카혼Hito Cajón 볼리비아–칠레 국경 넘어 깔라마로 육로 이동
- 깔라마 호텔 체크인

※ 칠레는 자국의 생태계와 농업을 보호하기 위해 엄격한 검역 절차를 시행하고 있으므로, 국경 통과 시에 반입이 금지된 품목을 소지하지 않도록 주의하자(p.123).

페루

브라질

쿠스코

볼리비아

라파즈

우유니

산페드로 아타카마

깔라마

칠레

아르헨티나

01 라파즈 La Paz

하늘과 가장 가까운 도시인 라파즈는 안데스산맥의 해발 3,600m 이상에 자리 잡고 있다. 1548년 스페인 정복자 알론소 데 멘도사Alonso de Mendoza에 의해 설립되어, 현재는 볼리비아의 행정 수도 역할을 하고 있다. 분지 지형에 터를 세워 형성된 도시 안에 건물들이 빼곡하며, 높고 낮은 언덕 사이 구불구불한 길들 위에 케이블카가 사람들을 오르내려 준다. 어두운 밤 킬리 킬리 전망대Mirador Killi Killi에 올라 보면 집집마다 별을 놓은 듯한 압도적인 풍경이 가히 남미 3대 야경으로 불릴 만하다.

라파즈 들어가기

✖ 항공

원래 쿠스코에서 라파즈행 직항편이 자주 있었으나, 코로나19 이후로 많이 축소되었고, 아직도 회복되지 않고 있다. 따라서 현재는 리마를 경유하여 라파즈로 이동하는 방법이 가장 일반적이다. 라파즈 공항의 코드명은 LPB. 라파즈까지의 항공권 2장과 짐 태그에 LPB라고 잘 적혀 있는지 확인해야 한다. 항공 시간에 따라 쿠스코의 야경을 즐길 수도 있다. 저녁 식사는 미리 하거나 간식을 챙겨두는 것이 좋다. 리마에 도착하면 건물 안에서 국제선으로 바로 이동할 수도 있지만, 공항 내부 공사가 잦은 편이기에 이 경우에는 공항 건물 밖으로 나갔다가 오른쪽으로 조금 이동하여 공항 건물로 다시 들어가야 한다. 출국 심사를 해야 하므로 시간이 촉박할 수 있으니 면세구역의 유혹을 뿌리치고, 국제선Internacional을 찾아 이동하는 것을 우선으로 하자.

쿠스코에서 라파즈로
쿠스코에서 리마까지 약 1시간 30분, 리마에서 라파즈까지 약 2시간 정도 소요된다. 리마 공항에서의 경유 시간을 잘 확인하자. 위탁 수하물은 라탐 항공 일반석 기준 20kg이다.

볼리비아 입국하기
볼리비아에 입국 심사에 필요한 것은 여권과 비자, 세관신고서다. 비자를 미리 잘 준비했다면 걱정하지 말고 비자가 부착된 여권만 잘 챙겨주자. 세관신고서는 자료를 참고해 작성하고 짐을 찾을 때 제출하면 된다. 보안 검색대에 모든 짐을 올리고 확인 후에 밖으로 나가면 남미 여행 두 번째 국가에 무사히 도착한 것을 확인할 수 있다. 그제야 세계에서 가장 높은 국제선 공항에서의 전경이 보인다.

✖ 버스

훌리아카 경유
리마를 경유하는 라파즈행 항공편이 없을 경우 쿠스코에서 훌리아카로 이동한 뒤 육로로 볼리비아에 들어가야 한다.

Tip | 라파즈에서 꼭 해야 할 일!

1. 킬리 킬리 전망대에서 파노라마로 펼쳐지는 라파즈 전경 감상하기
2. '마녀 시장'에서 전통 주술 문화 엿보기
3. 텔레페리코 케이블카를 타고 도시의 멋진 풍경 감상하기
4. 달의 계곡에서 독특하고 신비로운 지형 체험하기

Tip | 세계에서 가장 높은 국제선 공항

과장이 아니다. 이름도 '높다'는 뜻인 엘 알토 공항은 해발 4,061m에 위치해 있으며, 공항에 도착하는 순간 몸이 무겁고 머리가 띵한 것을 느낄 수 있을 것이다. 하지만 도심은 공항보다는 낮은 지역에 있으며 500m 정도는 내려가게 된다. 여기서 적응을 잘해야 우유니의 고원 지대 투어까지 무사히 마칠 수 있다. 너무 겁내지 말고 고산 지역 행동 요령을 잘 지키며 몸 상태를 지켜보도록 하자.

✳ 역사

라파즈는 1548년 10월 20일 스페인 정복자 알론소 데 멘도사에 의해 설립되었다. 원래 명칭은 'Nuestra Señor de La Paz'로, 이는 스페인 내전에서 승리한 평화를 기념하기 위해 붙여졌다. 16세기 볼리비아에서 가장 큰 도시는 은광이 위치해 있던 포토시였고, 1825년에는 수크레가 볼리비아의 수도가 되었다. 그러다 19세기 말 볼리비아 경제의 근간이었던 은이 점차 고갈되는 대신 볼리비아 서부 지역에서 산출되는 주석이 주목되면서 라파즈가 경제적으로 중요한 도시가 되었다. 당시 자유주의자들이 라파즈에 터를 두고 있었고, 보수주의자들은 수크레와 포토시에 기반하고 있었는데, 이들의 내전이 자유주의자의 승리로 끝나며 실질적인 수도 기능을 라파즈가 가져가게 된다. 이후 도시가 성장하며 인구도 급증했지만 1980년대 주석 산업이 몰락하면서 경제의 핵심이 주석에서 천연가스와 농업으로 옮겨갔고, 이에 따라 동남부 저지대의 산타크루스가 라파즈를 제치고 볼리비아에서 가장 큰 도시로 성장하게 된다.

✳ 지형

라파즈는 해발 3,650m의 안데스산맥 고원 지대에 위치해 있으며, 고도가 높은 산악 지대와 깊은 계곡들로 이루어진 분지 형태의 지형이다. 도시 주변은 험준한 산맥과 협곡으로 둘러싸여 있어 독특한 경관을 자랑한다. 라파즈는 안데스산맥의 서쪽에 위치하여 태평양과의 거리가 멀지만, 산악 지형과의 조화로 인해 특이한 기후적 현상을 경험할 수 있다. 고도가 높아 산소 농도가 낮고, 고산병에 노출될 위험이 있다. 라파즈에서 국가대표 축구 경기가 있으면, 홈경기를 치르는 볼리비아가 거의 다 승리하는 재미있는 모습을 볼 수 있다.

✱ 날씨

라파즈의 날씨는 연중 온화하며 두 계절로 나뉜다. 여름(11월~3월)은 우기이며, 평균 기온이 10℃에서 20℃ 사이이다. 이 시기에는 비가 자주 내리며, 대체로 흐린 날씨가 지속된다. 겨울(5월~8월)은 건기이며, 평균 기온이 5℃에서 15℃ 정도. 겨울철에는 맑은 날씨가 지속되며, 밤에는 기온이 급격히 떨어져 매우 추워진다. 고지대 특성상 강수량이 적으며, 연간 평균 강수량은 약 500mm 정도이다. 건기에는 대체로 맑고 건조한 날씨가 이어지며, 우기에는 비가 자주 내린다. 라파즈, 티티카카 등 고지대에서는 강한 태양에 오랫동안 노출되는 것을 피하고, 가급적 자외선 차단제를 사용하자.

Tip | 라파즈는
공기가 왜 뿌연가요?

라파즈의 공기가 안 좋은 이유는 여러 요인이 복합적으로 작용한 결과다. 도시가 해발 약 3,650m의 고지대 분지에 자리 잡고 있어 공기 순환이 원활하지 않고, 교통 혼잡과 오래된 차량에서 배출되는 가스, 소규모 산업에서의 오염물질 배출, 전통적인 난방 및 취사 방식에서 나오는 연기 등이 주요 원인이다. 경제적 어려움으로 인해 값싼 연료를 사용하는 가정이 많고, 환경 규제가 미흡하여 대기오염이 더욱 악화되고 있다.

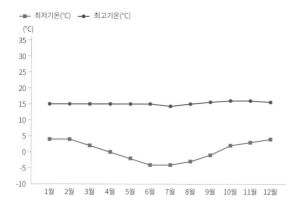

✱ 교통

라파즈는 볼리비아의 주요 교통 중심지 중 하나로, 다양한 교통수단을 이용할 수 있다. 고도가 높고 구름 지형이 많은 지역 특성상 노면 전차 혹은 버스의 적극적 운용이 어렵기에 지상 교통수단인 케이블카(Mi Teleférico)가 대중교통수단으로 자리 잡았다.

미 텔레페리코 Mi Teleférico

2014년에 개통된 케이블카 시스템인 미 텔레페리코Mi Teleférico가 도시의 주요 교통수단 중 하나로 자리 잡고 있다. 이는 라파스와 엘 알토를 연결하며, 고지대 도시의 교통 문제를 해결하는 데 크게 기여하고 있다. 총 10개의 라인으로 이루어져 있으며 각 라인은 색깔로 구분되는데 주요 노선은 빨강, 노랑, 초록색 라인이다.

공항 (9km)

리토랄 박물관
Museo del Litoral Boliviano

장거리 버스터미널 (200m)

황금 박물관
Museo de Metales Preciosos

히엔 거리
Calle Jaen

악기 박물관
Museo de Instrumentos
Musicales de Bolivia

Av. América

Av. Manco Kapac

Bozo

E. Valle

Pichi...

Ing...

Tumusla

Figueroa

란사 시장

Calle Comercio

Av. Illampu

Santa Cruz

산 프란시스코 박물관
Museo San Francisco

산 프란시스코 교회
Iglesia de San Francisco

네그로 시장
Mercado Negro

Max Paredes

마녀 시장
Mercado de
las Brujas

Calle Sagarnaga

시가르나가 거리

코카 박물관
Museo de la Coca

타이피 유타 티와나쿠 현
(63km)

Linares

코마르트 투쿠이파
Comart Tukuypaj

Tarija

호텔 밀턴
Hotel Milton

Belzu

G. Gonzale...

Zoilo Flores

N

라파즈

후안 데 바르가스 박물관
Museo Costumbrista
Juan de Vargas

무리요 박물관
Casa Museo de Murillo

Sucre

Yanacocha

Indaburo

속 박물관
useo Nacional de
nografia & Folklore

무리요 광장
Plaza Murillo

Ballivian

Coroico

국립 미술관
Museo Nacional
de Arte

Ruta Nacional 2

ocabaya

Potosi

Colon

Mercado

Loayza

Bueno

Av. Illimani

헬리스크

Av. Camacho

Obispo Cardenas

Paseo Núñez del Prado

Av. Simon Bolivar

카마초 시장
Mercado Camacho

라이카코타 공원
Parque Mirador
Laikakota

Federico Zuazo

Reyes Ortiz

Av. del Ejercito

bia

현대 미술관
Museo de Arte
Contemporaneo Plaza

티와나쿠 박물관
Museo Nacional de
Arqueologia Tiwanaku

Cañada Strongest

ero de la Vega

Batallón Colorados

Av. del Poeta

학생 광장
Plaza de Estudiante

코리아 타운(200m)

시티 투어 버스정류장(500m)

구스투(7.7km)

Cap. Castrillo

뉴 도쿄(8km)

티피카 카페 산 미겔(8.3km)

가야(8.3km)

소포카치 지역
(100m)

달의 계곡(15km)

Av. Arce

★ 라파즈의 어트랙션

높은 고도와 특이한 지형으로 특색 있는 도시인 라파즈를 둘러보자. 높은 곳에서 내려다보는 도시의 모습은 여느 도시의 전망과는 다르다. 달나라에 온 듯한 신비로움과 오랜 문화가 공존하는 아름다운 곳.

★★★
달의 계곡 Valle de la Luna

라파즈에서 차로 약 10km 떨어진 곳에 있는 달의 계곡은 그 신비로운 지형 때문에 많은 이들에게 사랑받는 관광 명소이다. 이 지역은 오랜 세월 동안 비바람과 물의 침식을 겪으면서 자연이 만든 독특한 지형을 그대로 간직하고 있다. 다양한 형태의 기둥 모양 암석과 심연처럼 깊은 협곡이 만들어 내는 풍경은 마치 달의 표면을 연상시키기 때문에 '달의 계곡'이라는 이름이 붙었다. 밝은 황토색부터 붉은색까지 다양한 색상의 암석을 볼 수 있다. 달의 계곡은 국립 공원으로 지정되어 있으며, 방문객들은 지역 보호를 위해 안내된 길을 따라 이동해야 한다.

주소   Av.Florida, Mallasa

★★★
미 텔레페리코 Mi Teleférico

미 텔레페리코는 고도가 높은 라파즈 시내를 연결하는 케이블카 네트워크다. 이는 단순한 교통수단을 넘어, 라파즈와 엘 알토 주민들의 삶의 질을 향상하고, 관광객들에게 독특한 경험을 제공하는 중요한 인프라다. 라파즈를 한눈에 내려다볼 수 있는 최고의 방법 중 하나는 바로 이 텔레페리코 케이블카를 이용하는 것이다. 총 10개의 노선으로 이루어져 있으며 다양한 전망을 제공하여, 라파즈의 아름다움을 새로운 시각에서 경험할 수 있다.

주소   FVX7+XWF, La Paz, Bolivia

📷 ★★★
무리요 광장 Plaza Murillo

무리요 광장은 라파즈의 중앙 광장이자 볼리비아의 정치 생활과 가장 밀접하게 연결된 공간이다. 1810년 스페인 군대에 체포되어 교수형에 처한 볼리비아의 독립 영웅 페드로 무리요Pedro Murillo를 기리기 위해 명명되었다. 무리요 광장은 라파즈의 가장 중요한 건물들로 둘러싸여 있는데 광장 한쪽에는 대성당과 그 옆으로는 대통령 궁과 볼리비아 국회가 자리 잡고 있다. 이곳은 지역 주민들과 관광객들 사이에서 다양한 문화적 활동과 이벤트가 열리는 장소로, 공연, 축제, 시위 등 다양한 사회적 활동의 중심지로 사용되고 있다.

위치 산 프란시스코 광장에서 도보 10분

📷 ★★★
하엔 거리 Calle Jaen

하엔 거리는 식민지 시절에 조성된 거리로 라파즈에서 가장 아름다운 거리이다. 스페인 식민지 시대의 중요한 문화적 유산을 보존하고 있는 거리로, 18세기와 19세기에 건설된 건축물들이 주를 이루고 있다. 다채로운 색상으로 물든 하엔 거리를 걷다 보면 시간을 거슬러 올라가는 듯한 느낌이 든다. 또한 이 거리에는 5개의 작은 박물관이 자리 잡고 있다. 규모가 작고 서로 가깝기 때문에 모든 박물관을 하루에 모두 방문할 수 있다. 라파즈의 그림처럼 아름다운 하엔 거리를 걸으며 여유를 만끽해 보자.

주소 Calle Jaen

Tip | 하엔 거리에서 만나는 박물관

- 황금 박물관
  Museo de Metales Preciosos
- 리토랄 박물관Museo del Litoral
- 무리요 박물관
  Museo Casa de Murillo
- 후안 데 바르가스 박물관
  Museo Costumbrista Juan de Vargas
- 악기 박물관
  Museo de Instrumentos Musicales

★★★
마녀 시장 Mercado de las Brujas

라파즈의 마녀 시장은 야티리Yatiri로 알려진 현지 주술사가 운영한다. 특이한 분위기와 독특한 상품으로 유명한 장소이다. 물약부터 허브, 부적 등 신기한 물건을 쉽게 찾아볼 수 있다. 마녀 시장에서 판매되는 모든 품목 중 가장 유명한 것은 말린 라마 태아이다. 라마 태아는 대부분 끈에 매달려 있는데, 볼리비아 사람들은 말린 라마를 문에 걸어두면 행운이 찾아온다고 믿기 때문이다. 또한, 전통적인 의료 및 신앙적 신념에 기반한 주술적 치료를 받는 경우가 있다.

주소 Santa Cruz & Linares

★★★
킬리 킬리 전망대 Mirador Killi Killi

킬리 킬리 전망대는 라파즈에서 도시 최고의 전망대로 알려져 있으며, 긴 하루 일정을 마치고 휴식을 취하고자 하는 지역 주민들이나 연인이 함께 시간을 보낼 수 있는 낭만적인 장소이다. 하루 중 언제든지 도시의 놀라운 전망을 제공하며, 밤에는 도시 불빛의 파노라마로 숨이 막힐 정도로 아름답다. 킬리 킬리로 향하는 언덕은 꽤 가파른데, 이미 고도가 높은 라파즈에서 올라가기 쉽지 않다. 해가 진 후에는 치안이 좋지 않으므로 혼자 가지 않고 무리를 지어 가는 것이 좋다.

주소 Av. la Bandera

라파즈 시티 투어

세상에서 가장 높은 수도인 라파즈를 하루에 알차게 즐기는 방법! 라파즈 시티 투어는 독특한 지형과 풍부한 문화를 체험할 수 있는 필수 코스들로 구성되어 있다. 고도가 매우 높은 곳이므로 고산병 증상을 예방하기 위해 천천히 여유롭게 투어를 즐겨보자.

❶ 달의 계곡

자연이 만들어 낸 신비로운 지형, 달의 계곡! 독특한 암석 구조와 황량한 풍경이 마치 달의 표면을 연상시키는 곳에서 인상적인 사진을 남겨보자.

❷ 텔레페리코(케이블카) 탑승

라파즈의 아름다운 전경을 한눈에 담을 수 있는 텔레페리코. 도시 전체를 가로지르는 케이블카를 타고 이동해 멋진 풍경을 즐겨보자.

❸ 무리요 광장

라파즈의 역사적 중심지, 무리요 광장! 대통령 궁과 의회 건물이 자리한 이곳에서 볼리비아의 역사와 정치 문화를 느껴보자.

❹ 마녀 시장

다양한 전통 의상과 신비로운 주술 용품이 가득한 마녀 시장. 현지 주민들과 소통하며 라파즈의 독특한 문화를 느껴보자. 이곳에서는 각종 기념품뿐만 아니라, 고대의 전통과 현대의 생활이 어우러진 생생한 경험을 할 수 있다.

❺ 킬리 킬리 전망대

라파즈의 전경을 한눈에 내려다볼 수 있는 킬리 킬리 전망대. 아름다운 도시 풍경과 함께 일몰을 감상하며 하루를 마무리하자.

★★★
티티카카 호수 Lago Titicaca

라파즈와 페루 국경 지역에서 발견할 수 있는 티티카카 호수는 안데스산맥의 고산 지역에 위치해 독특한 자연 경관을 자랑하는 고도 3,812m의 호수로 특이한 지형과 풍부한 역사적 유산으로 유명하다.

티티카카 호수 주변 지역에서는 토토라Totora라는 배를 타고 호수를 탐험하거나, 주변 섬을 방문해 현지 문화를 직접 체험할 수 있는 기회를 제공한다. 지리적으로는 안데스산맥의 중심에 자리하고 있으며, 수도인 라파즈와 페루의 푸노Puno를 포함하는 인근 도시들과 가까운 거리에 위치해 있다. 이 호수 주변에는 잉카 제국 이전부터 존재했던 고대 문명의 유적지와 고대 잉카 문화의 유산이 풍부하게 남아 있다. 특히 호수의 섬들은 전통적인 생활 양식과 인프라 구조를 보존하고 있어, 문화적으로 중요한 유적지다.

---

more & more **토토라 배**

토토라 배는 안데스산맥의 높은 해발 고도에 위치한 티티카카 호수에서 사용되는 전통적인 선박이다. 이 배는 토토라 식물로 만들어지며, 이 지역 원주민들에 의해 세기에 걸쳐 사용되어 왔다. 토토라는 특히 호수 주변에서 풍부하게 자라는 초목으로, 그 유연성과 강도 때문에 배를 만드는 데 이상적이다. 현지 사람들은 이 배로 물고기를 잡거나 주변 지역을 탐험한다. 토토라 배는 본토 주민들의 전통적인 생활 방식과 문화적 유산의 중요한 부분이다. 이 배들은 주로 잉카 문명 이전에 이 지역에 존재했던 티와나쿠 문명과 연관이 있으며, 그들이 생활 방식과 경제 활동에 중요한 역할을 했다.

라파즈 티티카카 투어

세계에서 가장 높은 곳에 있는 티티카카 호수를 알차게 즐기는 방법!
라파즈에서 출발해 안데스산맥의 아름다운 경치를 감상하며 이동해 고대 잉카 문명의 생활 방식을 엿보고, 원주민 전통 배인 토토라 배에 올라타 티티카카 호수를 탐험해 보자. 맑고 푸른 호수 위에서 잊지 못할 풍경을 만끽할 수 있다.

❶ 토토라로 만든 배 박물관 방문

토토라는 원주민들이 사용한 전통적인 보트로, 이 보트의 역사와 제작 과정에 대해 살펴볼 수 있는 박물관을 방문해 보자.

❷ 원주민 직조 활동 체험

토토라 배 박물관에서는 원주민들이 사용한 방식으로 직조를 체험할 수 있는 기회를 제공한다. 원주민들이 사용한 자연 소재 기법을 배우며 전통적인 직조의 과정을 살펴보자.

❸ 토토라 배로 티티카카 호수 투어

토토라 배를 타고 세계에서 가장 높은 고산 호수, 티티카카 호수를 탐험해 보자.

★ 라파즈의 레스토랑

다양한 문화가 공존하는 라파즈는 미식가들에게도 매력적인 도시이다. 이곳에서는 전통 볼리비아 요리부터 한식당, 일식당까지 다양한 음식을 즐길 수 있다. 고산 지대에서는 산소 농도가 낮아 신체가 적응하는 데 시간이 필요하다. 따라서 과식할 경우 소화에 에너지가 많이 소모되어 체력이 급격히 저하될 수 있으므로 가벼운 식사를 하는 것이 좋다.

뉴 도쿄 New Tokyo

뉴 도쿄New Tokyo는 라파즈 시내에 위치한 일본 음식 전문점이다. 신선한 재료를 사용한 다양한 스시와 사시미를 제공하며, 라면, 우동 등 정통 일본 요리를 즐길 수 있다. 고풍스러운 인테리어와 함께 일본 특유의 정갈한 분위기를 느낄 수 있어 현지인과 관광객 모두에게 인기가 많다.

주소   C. 17 8048, La Paz, 볼리비아
위치   카사 그란데 호텔에서
　　　도보 약 3분
운영   12:00~14:30, 19:00~22:30
전화   +591 2279 2892

타이피 유타 티와나쿠
Taypi Uta Tiwanaku

타이피 유타 티와나쿠Taypi Utha Tiwanaku는 티와나쿠 근처에 위치한 레스토랑으로, 티와나쿠를 방문하는 여행객들에게 볼리비아 음식을 뷔페식으로 제공한다. 티티카카 호수에서 약 15km 떨어진 곳으로 식사 후 티티카카 호수를 방문해 보자.

주소   Tiwanaku, 볼리비아
위치   티와나쿠
운영   09:00~16:00
전화   +591 7301 6684

티피카 카페 산 미겔
Typica Café San Miguel

티피카 카페 산 미겔Typica Café San Miguel은 라파즈에서 현지 커피와 베이커리를 즐길 수 있는 아늑한 카페이다. 볼리비아산 원두로 내린 다양한 커피 메뉴와 신선한 빵과 디저트를 함께 먹을 수 있다. 조용한 분위기에서 휴식을 취하며 커피 한잔의 여유를 만끽할 수 있는 장소이다.

주소   Calle San Miguel 303, La Paz, Bolivia
위치   카사 그랜드 호텔에서 도보 약 10분
운영   07:30~22:00

구스투 Gustu

라파즈에서 고급 레스토랑을 찾고 있다면 추천하는 곳! 구스투Gustu는 라파즈에서 유명 셰프들이 운영하는 레스토랑으로 현지 식재료를 활용한 창의적이고 혁신적인 요리를 코스로 제공한다. 개방형 주방 구조로 셰프들이 요리하는 모습을 모두 볼 수 있다. 요리 하나하나가 예술 작품처럼 아름다우며 하나의 요리가 제공될 때마다 음식에 대한 설명을 해준다. 가격대가 다른 식당에 비해 높지만, 좋은 품질의 음식과 서비스를 경험할 수 있는 곳이다. 홈페이지에서 예약이 가능하니 되도록 방문 전 예약을 하는 것을 추천한다.

주소 Calle 10 de Calacoto, casi
위치 카사 그란데 호텔에서
　　　도보 약 15분
운영 12:30~14:30, 18:00~20:30,
　　　매주 월·일요일 휴무
전화 +591 6983 0327
홈피 www.gustu.bo/es

가야 Gaya

이곳은 라파즈 여행 중 한식이 그리울 때 방문하면 만족감을 얻을 수 있는 곳이다. 김치찌개, 만두, 제육볶음, 삼겹살까지! 밑반찬도 제공되고 위치도 라파즈의 부촌에 있기에 방문하기 좋다.

주소 Av. Montenegro Final
위치 카사 그랜드 호텔에서 도보 약 10분
운영 12:00~21:00
전화 +591 7323 7673

코리아 타운 Corea Town

고산병이 싹 낫는 한국의 맛! 라파즈의 높은 고도에서 지친 여행객들에게 코리아 타운Corea Town이 제공하는 따뜻한 한국 음식은 큰 위로가 된다. 김밥부터 짬뽕, 순두부찌개 그리고 육개장까지! 고산병으로 힘든 날, 따뜻한 한국 음식은 몸과 마음을 회복시키는 최고의 치료제가 될 것이다.

주소 Av. Arce 2132, La Paz, 볼리비아
위치 라파즈 공립대학 움사UMSA 건너편
운영 월~금 12:00~15:00, 18:00~21:00,
　　　토 12:00~15:00, 매주 일요일 휴무

우유니 Uyuni

끝없는 소금사막의 신비, 우유니^{Uyuni}는 볼리비아 남서부에 위치한 세계 최대 소금사막의 독특한 자연 경관과 초현실적인 풍경으로 유명하다. 우유니 소금사막^{Salar de Uyuni}은 약 10,582㎢의 면적을 자랑하며 고도 3,656m에 위치해 있어 볼리비아의 대표적인 관광 명소 중 하나이다. 우유니 소금사막은 하얀 얼음판처럼 끝없이 펼쳐져 있으며, 특히 비가 온 후 물이 고여 거울 같은 효과를 만들어 내는 현상으로 BBC에서 선정한 '죽기 전에 가야 할 여행지 50곳' 중 하나로 소개되었다. 이 환상적인 풍경은 방문객들에게 엄청난 광경을 선사하며, 사진작가들에게도 매우 인기 있는 장소이다. 우유니 지역에는 소금사막 이외에도 다양한 관광 명소를 즐길 수 있다. 에두아르도 아바로아^{Eduardo Avaroa} 지역의 화산과 온천, 플라밍고가 서식하는 알티플라노 지역 등 볼거리가 풍부하다. 우유니는 그야말로 자연의 경이로움과 아름다움을 모두 갖춘 곳으로, 여행자들에게 잊지 못할 추억을 선사한다.

우유니 들어가기

✈ 항공

라파즈에서 우유니까지 국내선 이동이므로 2시간 전에는 공항에 도착하도록 하자. 주로 보아항공^{Bolivianade Aviación} 등 지역 항공사가 운항한다. 우유니의 공항 코드명은 UYU이다. 우유니행 비행기는 인터넷 사전 체크인을 진행하더라도 문제가 생기거나 항공이 취소되는 경우가 빈번하다. 가장 좋은 것은 아침에 공항에서 우유니행 비행기 체크인이 시작되자마자 현장 체크인을 하며 짐을 맡기고 비행기 티켓을 받는 것이다. 서두를수록 좋다.

라파즈에서 우유니로
소요 시간은 약 1시간이며, 위탁 수하물 무게는 라탐 항공 일반석 기준 20kg이다.

Tip | 우유니 공항

우유니 공항은 아주 작다. 비행기에서 내려서 공항 건물로 들어가서 대기를 하게 되는데, 비행기에서 짐을 내려 카트로 끌고 오는 생생한 장면을 볼 수 있다. 캐리어를 하나씩 줄 세워서 짐 태그를 확인하며 주인을 찾아준다. 그래도 흡사 도떼기시장과 같은 분주한 분위기라 다른 사람의 짐과 섞이지 않도록 주의해야 한다. 공항에서 나가면 미리 예약한 지프차들이 줄지어 기다리고 있다.

Tip | 우유니에서 꼭 해야 할 일!

1. 소금사막에서 끝없이 펼쳐진 하얀 대지를 배경으로 사진 찍기
2. 우유니 소금으로 만들어진 호텔에서 독특한 숙박 경험하기
3. 알티플라노 고원 지대의 다양한 호수를 탐험하며 자연의 아름다움 감상하기
4. 라구나 콜로라다^{Laguna Colorada}의 핑크빛 플라밍고 관찰하기

✖ 역사

우유니 지역은 볼리비아 남서부에 위치하여 선사 시대부터 인류의 거주지가 있었던 곳으로 알려져 있다. 고대 안데스 문명과 연관된 이 지역은 16세기 중반 스페인 정복자들이 도착하면서 스페인 제국의 지배를 받게 되었고, 이후 식민지 시대에는 자원 개발이 활발히 이루어졌다. 특히 19세기 후반에는 우유니가 볼리비아와 칠레를 연결하는 철도 노선의 중요한 거점으로 부상하게 되었다. 20세기 초에는 리튬과 소금 등의 자원으로 주목받으며 지역 경제의 중요한 축이 되었고, 이는 볼리비아 경제에 아주 중요한 역할을 하고 있다. 현대에는 세계 최대의 소금 평원인 우유니 소금사막의 독특한 경관 덕분에 세계적인 관광 명소로 자리 잡았다.

✖ 지형

우유니는 고도 약 3,656m의 고지대에 위치해 있다. 이 지역의 가장 큰 특징은 세계에서 가장 넓은 소금사막이 있다는 것이다. 약 10,582km²의 면적을 차지하고 있으며, 비가 내린 후 얇은 물층이 생기면 세계에서 가장 큰 거울로 변해 아름다운 경관을 자아낸다. 과거 안데스산맥의 강들이 형성한 호수에서 물이 증발하면서 남은 모래와 소금으로 이루어진 것으로 약 4만 년 전 형성되었다. 건기에는 호수가 말라 사막처럼 보이긴 해도 2m~10m로 이뤄진 소금층 아래에는 여전히 포화된 염수가 존재한다.

✳ 날씨

우유니는 볼리비아의 고산 지대에 위치한 지역으로, 높은 고도와 특수한 지형 때문에 날씨가 매우 다양하다. 여름인 12월에서 3월 사이에는 주로 비가 내리는 우기이며, 특히 1월부터 3월까지 강수량이 제일 많다. 이 기간에는 소금 사막이 물에 잠겨 물의 반영을 보며 아름다운 풍경을 즐길 수 있다. 낮의 기온은 주로 20℃에서 25℃ 정도이지만, 밤에는 급격하게 추워져서 일교차가 크다. 여름 우기 이외의 기간에는 일반적으로 맑고 건조한 날씨가 지속되며, 낮과 밤의 기온 차이가 큰 특징이다.

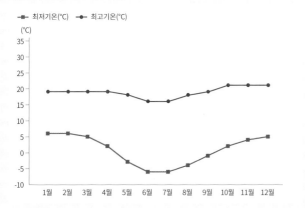

✳ 교통

우유니로 들어오는 모든 버스는 터미널이 따로 없이 아르세 거리Av. Arce에서 정차하고 출발한다. 낯선 사람이 이유 없이 호의로 제공하는 교통수단을 탑승해서는 절대 안 된다. 불법 택시로 위장한 강도 사건이 빈번하기 때문에 반드시 조심해야 한다. 택시 기사와 경찰이 한 조가 되어 사칭 범죄를 저지르기 때문에 경찰이 검문을 요구한다면 이에 응하지 말고 사람들이 많은 곳으로 이동하거나 근처 경찰서로 이동해야 한다. 우유니 마을은 동네가 작아서 도보로 이동하는 것이 충분히 가능하므로 특별한 이유가 없다면 되도록 교통수단을 이용하지 않는 것이 안전하다.

Tip | 소금사막은 어떻게 생겨났을까?

우유니 소금사막은 한때 이 지역을 덮고 있던 선사 시대 호수의 변형으로 형성되었다. 시간이 지남에 따라 기후가 변하면서 호수는 증발하고 퇴적물과 소금 침전물 층을 남기고 지각 활동과 화산 폭발로 인해 땅이 융기해 높은 고원이 형성되었다. 이에 따라 해당 지역에 남아 있는 물이 고인 채로 수십만 년 동안 증발해 오늘날 우리가 볼 수 있는 염전 형태로 형성된 것이다. 지금까지도 안데스산맥에 비가 내리면 산맥을 따라 소금이 떠내려오고 있다.

오늘날 우유니 소금은 놀라운 자연의 경이일 뿐만 아니라 볼리비아의 중요한 핵심 자원이기도 하다. 소금사막에 매장된 대량의 리튬은 전기차나 배터리 등 현대 산업에 사용되는 귀중한 광물이다. 또한 우유니 사막은 고지대에 위치한 넓고 평평한 지형 특징으로 소금 생산 이외에도 전 세계 GPS 인공위성들이 위치 보정 값을 조정하기 위해 방문하는 인기 많은 곳이다.

아르마스 광장
Plaza de Armas

우유니 기차역

Av. Santa Cruz

Camacho

Sucre

Av. Ferroviana

아르세 광장
Plaza Arce

시계탑

Rua Nacional 5

B

B

Av. Arce

Av. Colón

시장

Av. Cabrera

Av. Bolívar

버스터미널 거리

Avenida Avaroa

기차 무덤

Av. Arce

Perú

Ayacucho

우유니 소금막

우유니

N

★ 우유니의 어트랙션

우유니는 볼리비아 남서부에 위치한 고산 지대로, 세계에서 가장 큰 소금사막인 우유니 소금사막^{Salar de Uyuni}으로 유명하다. 이 지역은 독특한 자연 경관과 모험을 찾는 여행자들에게 인기 있는 관광지다.

★★★
우유니 소금사막 Salar de Uyuni

우유니 소금사막은 비가 내리면 하늘이 반사되어 거대한 거울처럼 변한다. 매년 많은 관광객이 방문하며, 일출과 일몰 시점에는 사막 전체가 황금빛으로 물들어 장관을 이룬다. 밤에는 맑은 하늘 아래에서 별들이 더욱 선명하게 보이는 곳으로, 별빛 투어로도 유명하다. 이곳에서는 자연의 순수함을 경험할 수 있으며, 특히 사진 촬영을 즐기는 이들에게 완벽한 장소이다.

Tip | 선셋 투어 Sunset Tour

선셋 투어에서는 우유니 소금사막의 무지갯빛 일몰을 감상할 수 있다. 하늘을 물들인 노을과 함께, 가장 아름다운 사진을 찍을 수 있는 시간이다.

🄲 ★★★ 기차 무덤 Cementerio de Trens

우유니는 과거 기차가 오가던 마을이었다. 1907년부터 1950년대까지 사용되었던 녹슨 기차들이 이곳에 모여 있다. 황폐해 보이지만, 사진작가들에게 인기 있는 배경이기도 하다.

🄲 ★★★ 꼴차니 마을 Colchani

우유니에서 남쪽으로 20km 떨어진 곳에 있는 꼴차니 마을은 소금사막에서 모은 소금을 가공하는 시설이 자리 잡고 있다. 꼴차니에는 600명이 조금 넘는 사람들이 살고 있으며 볼리비아 최대의 소금 가공 산업이 있다. 볼리비아의 소금사막에는 100억 톤의 소금이 있는 것으로 추산되며 매년 25,000톤의 소금이 이곳에서 채굴 및 가공된다. 여기서는 우유니 소금으로 만든 다양한 기념품을 구매할 수 있다.

🄲 ★★★ 만국기 광장 Plaza de Bandera Nacional

가장 오래된 소금 호텔로 유명한 만국기 광장은 건물과 모든 가구가 소금으로 만들어진 곳이다. 우유니 투어를 하는 거의 모든 여행객이 이곳에서 대부분 점심을 먹으며, 외부에는 다양한 나라의 국기가 펄럭이고 있어 각자의 나라 국기 앞에서 사진을 찍는 재미를 느낄 수 있다.

🄲 ★★★ 소금 호텔 Hotel de Sal

우유니 소금사막에 위치한 소금 호텔은 소금으로 만들어진 건물과 인테리어로 유명하다. 이 호텔은 소금사막에서 가장 오래된 소금 건축물로, 건물 내부의 테이블, 침대, 의자 등 모든 것이 소금으로 제작되었다. 예전에는 숙박 시설로 사용되었지만, 현재는 주로 휴게소로 활용되고 있다.

우유니 소금사막 투어

우유니 소금사막은 볼리비아에 있는 세계적으로 유명한 자연 경관이다. 이곳은 광활한 소금 평원으로 유명하며, 백만 년 이상의 역사를 자랑하는 곳이다. 하늘과 땅의 경계가 무엇인지 헷갈릴 만큼 화려한 일출과 일몰을 볼 수 있다.

❶ 기차 무덤

우유니 소금사막 근처에 위치한 기차 무덤을 방문하자. 버려진 기차들이 놓인 이곳은 독특한 사진 촬영 장소로 유명하며, 과거 철도 시대의 흔적을 느낄 수 있다.

❷ 꼴차니 마을

소금 채취로 유명한 꼴차니 마을로 이동하자. 이곳에서 현지 주민들이 소금을 채취하는 과정을 직접 보고, 소금으로 만든 다양한 공예품을 구경하자.

❸ 만국기 광장

세계 각국의 깃발이 휘날리는 만국기 광장에서 잠시 멈춰보자. 다양한 나라의 깃발 중에 대한민국 깃발을 찾아 사진을 찍어보자.

❹ 선셋 투어

우유니 소금사막에서 선셋 투어를 즐기자. 끝없이 펼쳐진 소금 평원 위로 저녁 노을이 지는 광경은 말로 표현할 수 없는 아름다움을 선사한다.

❺ 소금 호텔

하루의 여정을 마무리하며 소금으로 지어진 소금 호텔에서 하룻밤을 보내자. 독특한 건축물과 함께 편안한 휴식을 취하며, 잊을 수 없는 추억을 만들어 보자.

우유니 별빛 투어

소금사막의 쏟아지는 별을 감상하는 투어! 칠흑 같은 어둠 속에서 반짝반짝 아름답게 빛나는 별을 찾아 떠나가 보자. 운이 정말 좋다면 맨눈으로 은하수를 볼 수도 있을 것이다.

❶ 호텔에서 출발

저녁 식사 후 호텔에서 출발하여 우유니 소금사막의 밤하늘을 탐험하러 가자. 짧은 여정이지만, 이 시간은 밤하늘의 경이로움을 만끽하기에 충분하다.

❷ 소금사막

소금사막에 도착해 별빛 투어를 시작하자. 칠흑 같은 어둠 속에서 소금사막의 광활한 풍경이 더욱 신비롭게 다가올 것이다. 밤하늘에 쏟아지는 별들과 고요한 사막이 어우러져 잊을 수 없는 광경을 선사한다.

❸ 차량 탑승

❹ 호텔 도착

우유니 소금사막은 낮에는 끝없이 펼쳐진 백색 소금의 풍경을 제공하지만, 밤이 되고 빛이 거의 없는 환경에서는 별들이 매우 선명하게 보인다. 맑은 날씨에 운이 좋다면, 우유니에서 은하수를 목격할 수 있다. 이곳은 도시의 불빛이 전혀 닿지 않는 곳이기에 천문학자들에게는 꿈 같은 장소로, 밤하늘을 가득 채운 별들과 은하수를 보는 것은 그야말로 장관이다. 소금사막에서의 밤하늘 관측은 평생 잊지 못할 경험이 될 것이다. 밤하늘에 별들이 무수히 빛나는 모습을 감상하며, 자연의 아름다움과 광대함을 마음껏 느껴보자.

Tip | 우유니 관광 팁

1. 투어 예약
우유니 소금사막 투어는 사전에 예약하는 것이 좋다. 일반적으로 당일 투어부터 2, 3, 4일 등 다양한 일정이 있으며, 우유니 사막과 인근의 호수 지대를 탐험할 수 있다.

2. 고산병 대비
우유니는 해발 약 3,600m에 자리 잡고 있어 고산병에 대비해야 한다. 우유니에 도착하면 첫날은 무리하지 않고 휴식을 취해야 한다. 고지대에서는 탈수가 쉽게 일어나므로 물을 충분히 마셔야 한다. 알코올과 카페인 음료는 탈수를 촉진하므로 마시지 않는 것이 좋으며 소화 기능이 저하되어 있기에 과식을 피해야 한다.

3. 날씨 대비
우유니의 날씨는 무척 변덕스럽다. 낮에는 따뜻하지만, 밤에는 매우 추울 수 있으므로, 여러 겹의 옷을 준비해야 한다.

4. 사진 촬영
소금사막의 독특한 풍경을 이용한 창의적인 사진 촬영을 즐겨라! 비가 온 후에는 거대한 거울 같은 소금 사막의 반사된 하늘을 활용하여 대칭적 사진이나 초현실적인 풍경을 찍을 수 있다.

알티플라노 고원 지대 투어

해발 4,000m의 광활한 알티플라노 고원을 질주하며 자연이 만들어 낸 환상적인 풍경을 만나보자. 알티플라노 지역은 다양한 빛깔의 아름다운 호수들이 펼쳐져 있어 마치 꿈속에 있는 듯한 느낌을 선사한다. 높은 고도에서의 투어는 신체적 도전이 될 수도 있지만, 장대한 풍경과 함께하는 이 여정은 여러분의 마음에 깊은 감동을 남길 것이다.

1일 차

❶ 우유니 마을 Pueblo de Uyuni

알티플라노 고원 지대 투어는 볼리비아의 우유니 마을에서 시작된다. 이 마을은 우유니 소금사막 출발 지점으로, 소금사막을 탐험하는 다양한 투어들이 출발하는 곳이다.

❷ 산 크리스토발 마을 San Cristóbal

산 크리스토발 마을은 알티플라노 고원에 위치한 작은 마을로, 자연 경관과 평화로운 분위기로 유명하다. 이 마을에서는 주변의 자연을 즐기며 휴식을 취할 수 있는 시간을 가질 수 있다.

❸ 시크릿 라구나 Secret Laguna

시크릿 라구나는 고원 지역에 자리한 숨겨진 호수다. 맑은 물과 아름다운 푸른색 물이 특징이다.

❹ 빈토 라구나 Vinto Laguna

빈토 라구나는 또 다른 아름다운 호수로, 푸른 물과 주변의 자연 경관이 매우 인상적이다. 이 호수는 고원의 적막한 환경 속에서 독특한 물 색을 자랑하며, 그 주변에는 풍부한 자연 생태계가 이어져 있다.

❺ 잃어버린 이탈리아 Italia Perdida

잃어버린 이탈리아는 알티플라노 고원의 유명한 곳으로, 고원의 황량한 지형과 적막한 분위기를 느낄 수 있다. 전설에 따르면 이 장소를 처음 방문한 사람은 볼리비아 사막에서 길을 잃은 이탈리아 사람이었고, 돌아갈 길을 찾지 못해 사망했다.

❶ 라구나 콜로라다 Laguna Colorada

생동감 넘치는 붉은빛 물을 자랑하는 라구나 콜로라다는 해발 4,278m에 위치해 있다. 라구나 콜로라다의 가장 큰 매력은 이곳에 있는 플라밍고 떼를 발견할 수 있다는 것이다. 호수에 플랑크톤이 풍부하기 때문에 전 세계 6종의 플라밍고 중 3종이 이곳에서 발견된다. 이 핑크색 플라밍고에 영양을 공급하는 해조류가 바로 호수의 강렬한 붉은빛을 내는데, 이는 빛의 양에 따라 변화되며 생생하고 변화무쌍한 모습을 선사한다.

❷ 아침의 태양 Sol de Mañana

해발 4,990m의 아침의 태양은 지열 활동으로 인해 물이 끓고 있는 구간을 지칭한다. 뜨거운 물이 뿜어져 나오는 모습이 마치 해와 같다고 해서 붙여진 이름이다. 이곳 간헐천의 증기가 기둥을 만들어 공중으로 최대 50m 높이까지 올라가는 초자연의 힘이 작용하는 인상적인 광경을 연출한다.

❸ 천연온천 Termas de Polques

알티플라노 고원에는 여러 개의 온천이 존재한다. 이 온천은 인근 폴케스 화산Polques Volcano 지하의 지열 온도로 인해 자연적으로 형성된 것으로, 주변의 추운 날씨에도 불구하고 따뜻한 물을 제공한다. 천연온천에 방문해 여행 중 쌓인 피로를 풀어보자.

❹ 라구나 베르데 Laguna Verde

라구나 베르데라는 이름은 물의 색을 따서 '녹색 호수'로 번역된다. 비소, 마그네슘, 탄산염 및 칼슘의 미네랄이 물속으로 들어가 호수가 녹색 빛을 띠는 것이다. 호수의 퇴적물이 교란되는 정도에 따라 청록색에서 어두운 에메랄드까지 다양하다.

❺ 라구나 블랑카 Laguna Blanca

에두아르도 아바로아Eduardo Avaroa 자연 보호 구역 근처 해발 4,350m에 위치한 라구나 블랑카의 크기는 10.9㎢이다. 미네랄(주로 붕소)이 집중되어 있어 흰색을 띠고 있으며, 이로 인해 입이 쩍 벌어질 정도로 아름다운 풍경을 선사한다.

❻ 리칸카부르 화산 전망대 Mirador Volcán Licancabur

우유니 지역에서 가장 높은 화산 중 하나인 리칸카부르 화산의 탁 트인 전망을 제공한다. 전망대에서는 아타카마 사막과 주변 산을 360도로 바라볼 수 있어 이 화산과 주변 환경의 웅장함을 감상할 수 있다.

Tip | 플라밍고의 흥미로운 사실

플라밍고는 원래 흰색과 회색의 깃털을 가지고 태어나는데, 플라밍고가 먹는 음식에서 나오는 칸타잔틴이라는 천연 분홍색 염료로 인해 점차 분홍색으로 변한다.

칠레
Chile

칠레는 남미 남서부에 있는 국가로, 서쪽은 태평양과 맞닿아 있으며, 안데스산맥이 나라 전체를 남쪽에서 북쪽으로 가로지른다. 북쪽의 아타카마 사막부터 남쪽의 파타고니아와 푼타 아레나스까지 다양한 자연 경관을 자랑한다. 과거엔 남미의 주요 문명 중 하나인 아라우카니아 문명의 중심지였다. 독립 이후 안정된 정치와 경제 발전을 이루어 와 현재 남미에서 가장 잘 사는 나라로 통한다. 2004년에는 대한민국이 처음으로 자유 무역협정을 맺은 국가가 바로 이 칠레다. 칠레의 주요 산업은 광업, 농업, 어업, 그리고 서비스업이다. 세계 최대의 구리 생산국으로, 구리, 리튬, 금 등의 자원이 경제에 중요한 역할을 한다. 또한, 포도주 생산으로도 유명하여, 발파라이소와 같은 주요 와인 생산 지역이 있다. 수도인 산티아고는 남미에서 가장 발전된 매력적인 도시다. 발파라이소 또한 색채가 어느 도시보다 다양하다. 그리고 푸에르토 나탈레스로 내려가면 세계 최고의 국립 공원인 토레스 델 파이네가 기다리고 있다.

All about Chile

1. 국가 프로필

✱ 국가 기초 정보

국가명 칠레 공화국(Republica de Chile)
수도 산티아고(Santiago)
면적 약 756,000㎢(남한의 약 8배)
인구 약 1,965만 명
정치 대통령제
인종 스페인계 백인, 메스티소, 원주민 등
종교 로마 가톨릭, 개신교
공용어 스페인어
통화 페소 Peso($, $1,000 ≒ 1,460원)

✱ 국기

칠레 국기는 'La Estrella Solitaria' 즉 외로운 별이라고 불리며, 1817년에 공식적으로 채택되었다. 국기는 두 개의 가로 무늬와 하나의 파란색 사각형으로 구성되어 있다. 상단의 흰색 줄무늬는 안데스산맥의 눈을, 하단의 빨간색 줄무늬는 독립을 위해 흘린 피를 상징한다. 파란색 사각형 안에 있는 흰색 별은 칠레의 정부와 통합을 의미하며, 하늘과 태평양을 상징한다. 이와 같은 상징성은 칠레의 역사와 자연을 반영하며, 독립운동의 중요한 요소를 기념하고 있다.

✱ 국가 문장

은색 별이 있는 방패로 구성되어 있으며, 상단은 파란색, 하단은 빨간색이다. 방패 위에는 세 개의 색깔로 이루어진 깃털 장식이 있으며, 방패의 오른쪽에는 칠레산 사슴인 후물Huemul, 왼쪽에는 안데스 콘도르가 방패를 지탱하고 있다. 동물들은 해군의 전통을 상징하는 황금색 왕관을 쓰고 있다. 국가 문장의 하단에는 '이성으로 또는 힘으로Por la razón o la fuerza'라는 문구가 새겨져 있다.

✷ 공휴일

1월 1일	신년Año Nuevo		8월 15일	성모 승천일
3월 29일	성 금요일		9월 18일	독립기념일
3월 30일	성 토요일		9월 19일	국군의 날
5월 1일	노동절Día del Trabajo		10월 12일	콜럼버스의 날
5월 21일	해군의 날		10월 31일	종교개혁일
6월 29일	성 베드로와 성 바울 축일 Día de San Pedro y San Pablo		11월 1일	만성절
			12월 8일	성모 마리아 대축일
7월 16일	카르멜 산의 성모 기념일		12월 25일	크리스마스Navidad

*2024년 기준, 해마다 달라질 수 있음.

2. 현지 오리엔테이션

✷ 여행 기초 정보

국가 번호 56
비자 대한민국 여권 소지자는 90일간 무비자 체류 가능. 입국 심사 때 PDI(Policía de Investigaciones de Chile)라는 입국 심사 확인서를 주는데, 여행자가 칠레에 합법적으로 체류하고 있음을 나타내는 용도이며, 호텔 등에서 체크인할 때 요구될 수 있다. 이 종이는 칠레를 출국할 때 반드시 다시 제출해야 한다.
시차 한국보다 13시간 느리다.
전기 220V, 50Hz

✷ 추천 웹 사이트

칠레 관광청 www.segegob.cl
주칠레 대한민국 대사관
overseas.mofa.go.kr/cl-ko/index.do

✷ 긴급 연락처

경찰 133
화재 132
구급 앰뷸런스 131

한국 대사관
주소 Alcántara 74, Las Condes, Santiago, Chile
운영 월~금 09:00~12:00, 14:00~17:30 (토, 일요일 휴무)
전화 +56 2 2228 4214

✷ 치안

산티아고, 발파라이소, 비냐 델 마르 같은 대도시나 주요 관광지에는 소매치기가 많다. 특히 사람이 많은 곳이나 대중교통을 이용할 때는 가방과 귀중품을 항상 주의 깊게 관리하는 것이 좋다. 길을 걸어 다닐 때 핸드폰을 집어넣고 다녀야 하고, 의자에 앉을 때는 가방을 옆에 두지 말고 다리 사이에 놓도록 해야 한다.

✷ 여행 시기와 기후

칠레는 지리적으로 남북으로 길게 뻗어 있어 기후가 매우 다양하다. 북부 아타카마 사막은 세계에서 가장 건조한 지역으로, 낮과 밤의 기온 차가 크며, 일 년 내내 거의 비가 내리지 않는다. 중부 지역은 지중해성 기후로 여름에는 덥고 건조하며, 겨울에는 서늘하고 비가 자주 내린다. 남부 파타고니아 지역은 추운 기후가 특징이며, 바람이 강하게 불어 여름철이 가장 여행하기 적합한 시기이다.

✷ 여행하기 좋은 시기

칠레 여행에 가장 좋은 시기는 10월부터 3월까지로, 이때는 기온이 온화하고 날씨가 비교적 안정적이다. 특히 파타고니아 지역은 이 시기에 여행하기 가장 좋다.

가장 우아한 칠레 일정

1 Day **칠레 도착**
- 이토 카혼 Hito Cajón
- 볼리비아–칠레 국경 넘어 깔라마로 육로 이동
- 깔라마 호텔 체크인

2 Day **산티아고 투어**
- 깔라마–산티아고 항공 이동
- 산티아고 시티 투어
- 산티아고 호텔 체크인

3 Day **발파라이소 투어**
- 발파라이소 투어
- 산티아고 호텔 연박

4 Day **산티아고 OUT**
- 산티아고–푸에르토 나탈레스 (or 푼타 아레나스) 항공 이동

※고된 볼리비아의 고산 지대 투어를 끝내고 산티아고로 내려오면 그제야 머리가 맑아질 것이다. 남미 한붓그리기 28일 일정 중에 중간에 해당하는 구간으로, 산티아고에서는 충분한 휴식을 취하여 파타고니아 투어를 위한 컨디션을 회복하도록 하자.

페루 · 브라질 · 볼리비아 · 우유니 · 깔라마 · 칠레 · 산티아고 · 아르헨티나 · 토레스 델 파이네 · 칼라파테 · 푸에르토 나탈레스 · 푼타 아레나스

01 깔라마 Calama

황량한 사막 지대에 오아시스처럼 나타난 도시. 구리 동상, 동판으로 만든 성당의 첨탑 등이 이곳이 거대한 추키카마타Chuquicamata 광산의 도시임을 말해준다. 일찍이 사막 한가운데 아타카마 문명을 꽃피웠던 원주민들이 있었던 마을로, 오아시스 때문에 물이 풍부하고, 녹음이 우거져 있다. 하지만 많은 여행자들에게는 산 페드로 데 아타카마San Pedro de Atacama를 가기 위해 잠시 들르는 도시에 지나지 않는다.

깔라마 들어가기

✖ 육로

볼리비아에서 칠레로

볼리비아 고산 지대 투어 막바지 라구나 베르데 및 라구나 블랑카 전망대에서 리칸카부르 산과 작별하며 이토 카혼Hito Cajon 국경으로 간다. 지프차나 버스를 이용하여 볼리비아 세관 사무소에 먼저 도달한다. 차에서 내려 서류를 작성해 제출하고 다시 차에 올라탄다. 볼리비아 출국 사무실로 가 차에서 내린 다음에 서류를 작성하여 제출하고, 여권에 출국 도장을 찍는다. 미화 10달러 정도의 출국세를 요구할 수도 있는데, 반항을 하기보다는 순순히 내고 가는 것이 좋다. 이 볼리비아 출국 사무실 앞에서 미리 예약한 칠레 차량으로 갈아탄다.

칠레 입국하기

칠레 차량을 타고 칠레 세관 및 입국 사무실로 간다. 약 10분 걸린다. 큰 컨테이너 건물에 도착해 입국 절차를 진행하며 종종 대기 중인 차량의 줄이 길어 기다릴 수도 있다. 차에 탄 채로 들어간 다음 내부에서 내린다. 첫 번째로는 신고서를 작성하고 여권과 제출하여, 여권에 도장을 받고 PDI 영수증을 받는데, 이 PDI 영수증은 칠레를 출국할 때 출국 사무실에 제출해야 하므로 잘 지니고 있어야 한다. 다음은 차량에서 모든 짐을 꺼내어 짐 검사를 받아야 한다. 칠레는 농수산물 검사가 특히 까다롭다. 개봉하지 않은 공산품 음식은 반입할 수 있으나, 과일, 씨앗, 지퍼백에 담긴 음식, 뜯어진 컵라면 등 개봉된 공산품은 반입 불가하다. 짐 검사가 끝나면 차에 다시 싣고 건물을 빠져나와 깔라마 도시로 향한다. 도착까지 약 2~3시간 걸릴 것이다.

Tip | 칠레 입국 시 반입 금지 품목

가능 물품 개봉하지 않은 공산품 음식(볶은 김치, 맛밤, 컵라면, 커피믹스)
불가 물품 과일, 씨앗, 집에서 만든 반찬류, 개봉된 공산품(뜯어진 컵라면, 껌, 지퍼백에 담긴 누룽지)

Tip | 고산 지대에서 운행되는 차량 특징

볼리비아 고산 지대는 해발 고도 4,000m 이상의 지역으로 일반 저지대 대비 공기의 밀도가 70% 이하의 수준을 보인다. 그러기에 연료가 불완전 연소를 하게 되어 엔진 출력이 떨어지며, 검은 매연이 많이 배출된다.

기차역
(100m)

Av. Balmaceda

후카마타 광산
(16km)

Vivar

Latorre

Buses Frontera
(버스 회사)

Bañados Espinoza

중앙 시장
Mercado Central

Municipal

Abaroa

Buses Atacama 2000
(버스 회사)

Eleuterio Ramírez

Av. Granaderos

3월 23일 광장
Plaza 23 de Marzo

Emilio Sotomayor

Vicuña Mackenna

Atacama

가스트로노미아 하툰 페루
Gastronomía Jatun Perú

엘 로아 공원
(3km)

Félix Hoyos

Antofagasta

Vargas

Santa María

Carlos Cisternas

Aníbal Pinto

Cosca

23 de Marzo

아히 트라디시오네스 페루아나스 2
Ají Tradiciones Peruanas 2
(3km)

N

깔라마

★ 깔라마의 레스토랑

다양한 문화와 사람들이 모여 있는 칠레 북부의 광산 도시 깔라마에서 여러 페루 음식점들을 찾을 수 있는데, 역사적으로 칠레와 페루 사이의 이민과 노동력 교류의 결과로 볼 수 있다. 너무 외진 데로 가면 위험할 수 있으니 호텔에서 가까운 식당을 선택해 곧장 가도록 하자.

가스트로노미아 하툰 페루 Gastronomía Jatun Perú

컨테이너 스타일의 건물 안에 있어, 겉보기에는 인테리어도 제대로 되지 않은 어설픈 식당이지만, 페루 출신 주인장의 음식 솜씨만큼은 그 어디보다 훌륭하다. 페루 이민자들이 고향의 맛을 그리워해 찾아오는 곳으로 유명하다.

주소 calle Atacama 1867 Calama
위치 디에고 깔라마
      익스프레스 호텔Hotel Diego de
      Almagro Calama Express
      맞은편 블록의 반대편 골목
운영 월 12:30~15:00,
      화~일 12:00~23:30
      (가끔 일찍 영업 종료)
전화 +56 9 3576 3322

아히 트라디시오네스 페루아나스 2 Ají Tradiciones Peruanas 2

페루 사람들의 말로는 페루에서 먹는 것보다 이곳에서 먹는 페루 음식이 더 맛있다는 평가를 받고 있다. 다양한 페루 정통 요리를 즐길 수 있는 이곳은 페루의 진정한 맛을 경험할 수 있는 곳이다.

주소 La Paz 644
위치 디에고 깔라마
      익스프레스 호텔Hotel Diego de
      Almagro Calama Express
      맞은편 블록의 반대편 골목
운영 화~토 12:00~17:00,
      20:00~00:00,
      일 12:00~18:00,
      매주 월요일 휴무
전화 +56 9 8756 5560

산티아고 Santiago

칠레의 수도 산티아고Santiago는 안데스산맥의 웅장한 배경 속에 자리 잡고 있다. 도시에서 가장 높은 언덕인 산 크리스토발 언덕에서 도시 전체와 안데스산맥을 조망하거나, 남미에서 가장 높은 건물인 코스타네라의 전망대에서 끝내주는 전경을 즐길 수 있다. 산티아고는 잘 발달한 지하철과 버스 노선 덕분에 교통이 편리하다. 또한 라 모네다 궁전은 칠레 정부의 중심지로 기능하며, 벨라비스타 지역은 예술과 문화의 중심지로 유명하다. 칠레는 와인의 나라이며, 산티아고는 와인의 도시이다. 도시 군데군데와 근교에서 평화로운 배경에 넓디넓은 포도밭을 만날 수 있다. 산티아고는 남미의 색채를 가장 현대적으로 혼합한 도시이자, 남미에서 가장 발전된 도시로 여겨진다.

산티아고 들어가기

✈ 항공

깔라마에서 국내선 비행기를 타고 산티아고 공항으로 향한다. 국내선 비행기를 탈 때는 비행기 출발 2시간 전에는 공항에 도착해야 한다.

깔라마에서 산티아고로

깔라마 공항의 코드명은 CJC이며, 산티아고 공항의 코드명은 SCL이다. 위탁 수하물의 무게는 라탐 항공 일반석 기준 20kg이다. 비행시간은 약 2시간 정도 소요된다. 깔라마 공항에서 체크인을 하고 위탁 수하물을 맡길 때 짐 태그를 받을 텐데, 간혹 연결 항공편의 경우 짐의 도착 위치가 SCL(산티아고)이 아닌 다음 목적지로 찍혀 나오며, 이 경우엔 짐이 산티아고 공항 짐 찾는 곳에서 나오지 않고 바로 다음 목적지로 가기 위한 창고로 이동할 수 있다. 산티아고에서 2박은 해야 하므로 산티아고 공항에서 짐을 돌려받기 위해선 깔라마 공항에서 짐 태그를 받을 때부터 SCL로 잘 찍혀 나오는지 확인하도록 하자.

Tip | 산티아고 도둑 조심!

산티아고 공항에서는 공항에서 활동하는 전문적인 도둑들이 있으므로 조심하자. 아무리 칠레의 국가 수준이 발전된 편이고, 군데군데 배치된 CCTV로 언젠간 도둑을 잡을 수 있을지라도, 여행 중에 물건 잃어버리고 신고하고, 범인 잡고, 보상받는 등의 일련의 절차는 소중한 여행 중에 쓰기엔 굉장히 아까운 시간이다. 이 책에서 조심하라는 부분에선 조금 긴장하고 가방을 쥐고 있는 손의 악력을 조금만 올리도록 하자.

✖ 역사

콜럼버스 이전 시기에는 피쿤체 및 마푸체 부족이 이 지역에 정착하며 농업을 중심으로 생활했다. 1541년, 스페인 정복자 페드로 데 발디비아가 산티아고를 설립했다. 1541년 9월 11일, 마푸체 원주민의 공격으로 도시가 파괴되었으나, 재건되었다. 19세기 초, 칠레 독립운동 시기에 산티아고는 주요 중심지로 자리매김하였고, 1818년 칠레의 독립 선언 이후 공식적으로 수도가 되었다. 1880년대에는 북부 칠레에서 발견된 질산염 덕분에 경제 성장이 이루어졌으며, 이로 인해 도시가 급속히 확장되었다. 20세기 초에는 질산염과 소금 채굴이 계속되면서 경제가 번영했다. 1970년대에는 피노체트 군사 정권하에서 정치 사회적 변혁이 있었다. 현대에 들어서 산티아고는 칠레의 정치, 경제, 문화 중심지로 발전했고, 지속적인 도시 개발과 인구 증가가 이루어지고 있다.

✖ 지형

칠레 중앙 계곡에 위치하며, 해발 500~650m 사이에 자리 잡고 있다. 도시 안에 여러 독립적인 언덕들과 빠르게 흐르는 마포초 강이 있다. 마포초 강은 도시를 관통하며, 강 양쪽으로는 파르케 포레스타르와 발마세다 공원 같은 공원들이 조성되어 있다. 안데스산맥이 도시의 동쪽을 둘러싸고 있으며, 대부분의 지역에서 이 산맥을 볼 수 있다. 이러한 지형적 특성은 특히 겨울철에 비가 적어 스모그 문제가 발생하기도 한다. 도시 외곽은 포도밭으로 둘러싸여 있다. 도시 자체가 산과 태평양 사이에 자리 잡고 있고 어느 쪽으로든 접근이 쉽다.

✖ 날씨

산티아고에 사는 사람들이 입 모아 말하기를 산티아고의 최고 장점은 1년 내내 온화한 날씨라고 한다. 지중해성 기후로 여름철(12~2월)에는 덥고 건조한 편이며, 겨울철(6~8월)에는 습하고 비교적 추운 날씨를 보인다. 여름철 평균 최고 기온은 약 25.5℃, 최저 기온은 약 12.4℃에 이른다. 겨울철에는 평균 최고 기온이 약 11.4℃, 최저 기온이 약 2.4℃로 떨어진다. 강수량은 주로 겨울철에 집중되며, 6월이 가장 비가 많이 오는 달로 평균 67mm의 강수량을 기록한다. 또한, 산티아고에서는 6월에 첫눈이 내리기 시작하며, 평균적으로 0.1일 동안 6mm의 적설량을 보인다. 연평균 강수일은 약 45일이며, 연간 총강수량은 약 190mm이다.

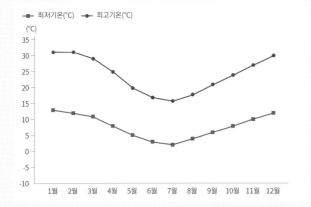

✖ 교통

산티아고의 교통 시스템은 주요 도로와 잘 발달한 대중교통수단으로 구성되어 있다. 주요 도로로는 알라메다 대로Alameda Avenue와 비쿠냐 마켄나 대로Av. Vicuña Mackenna가 있으며, 이 도로들은 도시의 주요 구역을 연결한다. 산티아고 지하철(Metro de Santiago)은 7개의 노선과 136개 역으로 구성되어 있으며, 도시의 주요 관광지와 비즈니스 구역을 연결한다. 버스는 지하철과 함께 트랜산티아고Transantiago 시스템의 일부로 운영되며, 광범위한 노선망을 자랑한다. 택시는 시내 곳곳에서 쉽게 이용할 수 있으며, 미터제로 요금이 부과된다.

대중교통 수단의 비용은 비교적 저렴하다. 지하철 요금은 900칠레 페소(CLP, 약 1,300원)이며, 버스 요금은 약 800칠레 페소(CLP, 약 800원)이다. 교통카드인 빕 카드Bip! card를 사용하면 지하철과 버스를 통합해 이용할 수 있으며, 환승 시 추가 요금이 부과되지 않는다. 도시 곳곳에 자전거 공유 서비스인 비키(Sistema de Bicicletas Públicas)의 자전거 대여소가 있어 편리하게 이용할 수 있다. 공항 교통은 아르투로 메리노 베니테스 국제공항을 통해 이루어지며, 시내와 공항 간에는 버스와 택시, 공항 셔틀 서비스가 운영된다.

★ 산티아고의 어트랙션

남미의 유럽이라 할 수 있는 산티아고에서 현대적인 감각의 남미 도시를 체험하자.

★★★
산티아고 아르마스 광장 Plaza de Armas de Santiago

1541년 스페인 정복자 페드로 데 발디비아에 의해 산티아고 도시가 설립될 때 중심지로 계획되었다. 이 광장은 산티아고 대성당Catedral Metropolitana을 비롯해 역사적인 건축물로 둘러싸여 있으며, 칠레의 식민지 시대 역사를 보여주는 로얄 오디엔시아 왕궁Museo Histórico Nacional도 인근에 있다. 광장 중앙에는 산티아고의 설립자인 페드로 데 발디비아의 기마상이 세워져 있으며 자유의 기념비도 있는데, 이는 원주민 여인의 사슬을 끊는 여인을 묘사한 카라라 대리석 조각이다. 또한, 성 야고보의 동상과 원주민 기념비, 시간 캡슐, 산티아고의 킬로미터 제로를 표시하는 지상 표식도 있다. 공원 한쪽에서는 체스를 두는 할아버지들과 분수대에서 장난을 치는 꼬마들, 주말마다 열리는 공연 등으로 산티아고 시민들과 여행자들의 쉼터가 되고 있다.

주소 Av.Florida, Mallasa

산티아고 메트로폴리타나 대성당
Catedral Metropolitana de Santiago de Chile

산티아고의 아르마스 광장Plaza de Armas에 위치한 신고전적 양식의 건축물로, 1748년에 착공하여 1775년에 완공되었다. 칠레에서 가장 중요한 종교적 건축물 중 하나로, 1780년 이탈리아 건축가 호아킨 토에스카Joaquín Toesca에 의해 현재의 신고전주의 양식으로 재설계되었다. 대성당의 외관은 두 개의 높은 탑과 웅장한 돔으로 장식되어 있으며, 내부에는 화려한 제단과 스테인드글라스 창문이 있다. 성당 내에는 또한 여러 개의 작은 경당과 다양한 종교 예술품들이 전시되어 있다. 대성당은 칠레의 식민지 역사와 종교적 유산을 보여주는 중요한 장소로, 산티아고 시민들과 방문객들에게 신앙과 역사를 체험할 수 있는 공간이다.

주소　Plaze de Armas

★★★

모네다 대통령 궁 Palacio de La Moneda

1805년에 완공된 신고전주의 양식의 건축물로 원래는 조폐국으로 사용되어서 동전이라는 뜻의 모네다가 붙었다. 건물의 정면은 대리석 기둥과 장식이 특징이며, 내부에는 여러 개의 중요한 회의실과 대통령 집무실이 있다. 1846년 마누엘 부르네스 대통령 때부터 대통령 관저로 사용되기 시작했다. 1970년 살바도르 아옌데가 남미에서 처음으로 사회주의 정권을 수립했고, 남미에서의 반공산주의 기조를 유지하고자 하는 미국의 지원을 받아 쿠데타를 일으킨 피노체트가 아옌데를 마지막까지 공습했던 곳이다. 아옌데는 끝까지 총을 들고 싸우다가 "항복하지 않는다"라고 외치며 스스로 총을 쏴 자살했다고 한다. 건물은 이 칠레 쿠데타 당시 총격으로 심각한 손상을 입었으나, 이후 복원되어 현재의 모습을 유지하고 있다. 건물 앞의 헌법 광장에서는 격일로 위병 교대식이 있어, 브라스 밴드의 연주에 맞춰 힘차게 행진하는 모습을 볼 수 있다.

★★★
벨라 비스타 Bellavista

산티아고의 보헤미안 구역으로, 마포초 강과 산 크리스토발 언덕 사이에 위치해 있다. 이 구역은 활기찬 예술과 문화의 중심지로 알려져 있으며, 다채로운 건축물과 예술적 분위기로 유명하다. 수많은 갤러리, 보석 상점, 레스토랑이 자리 잡고 있어, 쇼핑과 식사를 즐기기에 아주 좋은 장소이다. 또한 가까운 곳에 칠레의 유명 시인 파블로 네루다의 집인 라 차스코나La Chascona가 있으며, 많은 예술가와 지식인들이 거주해 왔다. 밤에는 클럽과 바에서 음악과 함께 활기찬 밤 문화를 즐길 수 있다.

★★★
그란 토레 산티아고 Gran Torre Santiago

프로비덴시아 지역에 위치한 높이 300m에 이르는 남미에서 가장 높은 건물로, 총 64층으로 구성되어 있다. 유명 건축가 세자르 펠리César Pelli에 의해 설계되었으며, 2012년에 완공되었다. 61층과 62층에는 스카이 코스타네라Sky Costanera라는 전망대가 위치해 있어 산티아고 시내와 안데스산맥의 전경을 감상할 수 있다. 건물에는 상업용 오피스와 쇼핑몰, 호텔을 포함한 다양한 시설을 갖추고 있다.

산티아고 시티 투어

남미 여행의 중간이라고 할 수 있는 산티아고는 남은 기간 여행을 위한 체력 보충을 해야 하는 곳이기도 하다. 따라서 너무 힘들지 않으면서도 도시의 매력을 최대한으로 체험할 수 있는 장소와 루트 선정이 중요하다.

❶ 산티아고 아르마스 광장

남미의 모든 도시에는 아르마스 광장이 있다. 왜냐하면 스페인군이 주둔했던 병영지가 나중에 광장이 되었기 때문이다. 스페인 식민 시대 풍경에서 현대의 어떤 모습으로 발전되었는지 둘러보면서 도시의 분위기를 가득 느낄 수 있다.

❷ 산티아고 메트로폴리탄 성당

광장을 지나가다 보면 산티아고 메트로폴리탄 대성당의 위엄에 놀랄 것이다. 국민의 반 이상이 가톨릭 종교인 칠레를 대표하는 건축물이다. 평일엔 12시 30분과 18시, 토요일엔 12시 30분, 일요일엔 9시 30분과 12시에 미사가 진행된다.

❸ 모네다 대통령 궁

모네다 대통령 궁 쪽으로 10분 정도 걸어 내려가자. 헌법 광장에서 역대 다양한 정당에서 나온 대통령 동상과 쿠데타 당시의 상처인 벽면의 탄흔을 보고 있노라면, 자유의 나라 칠레가 어떻게 지금에 도달했는지 어렴풋이 느껴질 것이다.

❹ 벨라비스타

산티아고의 쌈지길이라 할 수 있는 벨라비스타도 가볼 만하다. 세계적인 예술가들의 흔적과 함께 떠들썩한 칠레인들의 즐거움과 함께하다 보면 시간 가는 줄 모른다.

❺ 스카이 코스타네라 전망대

코스타네라는 남미에서 가장 높은 건물이다. 해 질 녘 안데스 산맥 앞에 존립해 온 역사와 문화의 도시를 360도 파노라마 전망으로 감상해 보자.

발파라이소 & 베라몬테 와이너리 투어

산티아고 근교를 하루에 알차게 도는 방법! 아침을 여유롭게 먹고 나와 발파라이소로 향한다. 산티아고에서 발파라이소까지 약 두 시간 정도 걸린다. 오전에 발파라이소 벽화 마을부터 먼저 간다. 너무 늦게 가면 치안이 걱정되기 때문이다. 오후에 산티아고로 돌아오는 길에 베라몬테 와이너리에 들리자.

1 소토마요르 광장

소토마요르 광장Plaza Sotomayor 주변에서 내린다. 프랏 부두와 마주한 광장으로 정면에 해군 총사령부(Comandancia en Jefe de la Armada) 건물이 위치하고 있다. 광장 중앙에는 태평양 전쟁 중의 이키케 해전을 기념하는 영웅 기념탑(Monumento a los Heroes de Iquique)이 서 있다. 광장을 벗어나 왼쪽의 프랏 거리를 따라가면 뉴욕의 월스트리트처럼 금융 회사 건물들이 가득한 길을 만나게 된다.

2 아센소르 콘셉시온

아센소르 콘셉시온Ascensor Concepcion을 타고 언덕 위로 올라가 보자. 아센소르는 100년 이상 된 경사형 엘리베이터로 '푸니쿨라'라는 이름으로도 불리운다. 가파른 언덕이 많은 발파라이소에서 중요한 교통수단이다. 1883년에 건축되었으며, 원래는 증기 기관으로 운행되었다. 한 칸으로 된 나무 엘리베이터는 오래되어 삐걱거리지만, 오랫동안 마을 사람들의 소중한 발이 되어 왔다.

3 프랏 부두

프랏 부두Muelle Prat가 한눈에 보일 것이다. 발파라이소의 역사를 대표하는 항구로 여러 크기의 다양한 배가 정박해 있다. 파나마 운하가 생겨 아메리카의 동쪽에서 서쪽으로 통과하기 쉬워지기 전까진 발파라이소 항구가 남미에서 제일 잘 나가는 항구 도시 중 하나였다.

4 발파라이소 벽화 마을 선셋 투어

발파라이소의 벽화 마을은 파시즘에 대항한 영웅시인 파블로 네루다 등 여러 예술가가 살았던 곳이다. 남자가 배를 타고 바다에 나갔다 돌아오면, 자기 집을 쉽게 찾을 수 있게 하려고 집 외벽에 그림을 그려놓았던 것이 마을의 전체적인 문화로 퍼지게 되었다.

5 비냐델마르 점심식사

아센소르를 다시 타고 내려온 후 소토마요르 광장 주변에서 버스를 타고 점심을 먹으러 비냐델마르로 향하자. 부에나비스타Buena Vista Restaurant라는 식당이 해산물이 신선할 뿐 아니라, 식사 후 앞에서 바다 내음을 맡으며 해변가 산책하기에 좋다.

부에나비스타 Buena Vista Restaurant
주소 Avenida Borgoño, Reñaca 14890,
      Viña del Mar, Valparaíso
전화 +56 9 3870 5788

6 베라몬테 와이너리

산티아고를 향하는 중간에 베라몬테 와이너리를 들러보자. 알토스 데 카사블랑카Viñedos Veramonte Altos de Casa Blanca를 추천한다. 안데스 앞에 펼쳐진 고요한 포도밭의 분위기를 제대로 만끽하며 우아하게 와인을 즐길 수 있는 곳이다. 수확 전의 신선한 포도를 즉석에서 따먹어볼 수 있는 건 덤!

★ 산티아고의 레스토랑

칠레는 기후가 다양한 만큼 음식의 재료가 매우 다양하다. 남태평양의 신선한 해산물과, 안데스산맥 지역에서 자란 고기가 주된 재료로 사용된다. 산티아고 대부분의 식당에서 계산서에 팁 10퍼센트가 포함되어 나오는 편이다.

콘피테리아 토레스 Confitería Torres

1879년에 설립되어 칠레 산티아고에서 가장 오래된 유서 깊은 레스토랑으로 정치인들과 유명 인사들의 만남의 장소로도 잘 알려져 있다. 고전적인 인테리어와 함께 역사적인 분위기를 자랑하며, 품질 좋은 재료와 정교한 요리법으로 유명하다. 전통적인 칠레 요리와 다양한 디저트를 즐길 수 있으며, 특히 엠파나다, 파스텔 데 초클로, 카수엘라가 유명하다.

주소 Isidora Goyenechea 2962,
　　　7550057 Las Condes, Región
　　　Metropolitana
위치 Isidora Goyenecha 거리
　　　페루 공원Peru Park 근처
운영 월~금 08:00~22:00,
　　　토 10:00~22:00,
　　　일 10:00~20:00
전화 +56 2 2333 2639
홈피 www.confiteriatorres.cl

국시 Guksi

남미에서 맛보는 한국식 퓨전 수타면! 전 주 칠레 대사관 주방장이 수타면을 직접 제조하는 곳으로, 쫄깃쫄깃한 면발과 시원한 국물이 일품인 곳이다. 국수 한 그릇을 먹으면 전날 마신 와인 숙취가 말끔히 해소될 것이다. 취향에 맞게 일반 국수, 매콤한 국수, 땅콩 소스를 곁들인 비빔국수를 선택할 수 있으며 사이드로는 블랙베리 소스를 곁들인 닭튀김을 강력 추천한다.

주소 Av. Nueva Los Leones 140,
　　　Providencia, Santiago
　　　7510691
위치 코스타네라 빌딩에서
　　　누에바 로스 레오네스 대로
　　　Av.Nueva Los Leones 건너
운영 11:00~21:00
전화 +56 2 2916 9226

마마 차우스 Mama Chau's

칠레 스타일의 세련된 맛을 내는 중국식 만두뿐만 아
니라 후식으로 버블티까지 맛볼 수 있다. 신선한 재
료로 정성스럽게 빚은 만두는 풍미가 일품이며, 다양
한 종류의 버블티는 식사 후 입가심으로 안성맞춤이
다. 배는 고픈데 간단히 요기하고 싶을 때, 또는 가벼
운 식사와 후식을 동시에 즐기고 싶을 때 방문하기 좋
은 곳이다.

주소   General Holley 50, Paseo peatonal Paseo
　　　 de la Villa, Santiago 7510035
위치   우니마르크 슈퍼마켓 대로변으로 맞은편
운영   화~금 12:15~20:30, 토 12:15~19:00,
　　　 매주 월·일요일 휴무
전화   +56 9 6830 0250
홈피   www.mamachaus.cl

두리 스시 Duri Sushi

해병대 출신의 사장이 10년 넘게 운영하는 횟집으로, 태평양 물고기의 사
시미가 일품인 곳이다. 특히 신선하고 쫄깃한 식감의 연어를 저렴한 가
격에 즐길 수 있다. 칠레 대부분의 레스토랑이 어두운 조명을 쓰는 반면
에, 여기는 한국의 횟집들을 연상케 하는 밝은 분위기의 정감 있는 곳이
다. 점심에 스시 한 접시로 간단히 배를 채우기에도 좋고, 저녁에 해산물
을 술안주로 하기에도 안성맞춤이다.

주소   Agustinas 984, Santiago,
　　　 8320236
위치   아르마스 광장 근처
　　　 Agustinas 거리
　　　 칠레 은행Banco de Chile 본사
　　　 맞은편
운영   09:00~22:00
전화   +56 2 2672 0915

파타고니아
Patagonia

파타고니아는 남아메리카의 남쪽 끝에 위치한 광활한 지역으로, 아르헨티나와 칠레에 걸쳐 있다. 안데스산맥, 대서양, 태평양, 마젤란 해협으로 둘러싸여 있으며, 거대한 빙하, 산맥, 호수, 초원같이 다양한 지형으로 이루어져 있다. 칠레의 토레스 델 파이네 국립 공원과 아르헨티나의 로스 글라시아레스 국립 공원은 일생에 단 한 번은 가봐야 할 명소이다. 또한 과나코, 안데스 콘도르, 마젤란 펭귄 등 다양한 야생 생물을 볼 수 있다. 우수아이아는 세계에서 가장 남쪽에 위치한 작고 아름다운 도시로, 세계 최남단에 위치한 도시이며, 남극으로 가는 관문 중 하나이다. 가을에 해당하는 3~5월에 파타고니아를 방문한다면 사방에 펼쳐진 단풍과 설산의 기가 막힌 조화를 볼 수 있다.

가장 우아한 파타고니아 일정

파타고니아에 왔다면 남미 한붓그리기 여정 중 중간을 지나는 것이다. 긴 여행으로 지칠 수 있는 시기에, 느긋한 연박 일정으로 컨디션과 추억 모두 잡아보자!

1 Day 파타고니아 도착
- 산티아고–
  푸에르토 나탈레스
  (or 푼타 아레나스) 항공 이동
- 푸에르토 나탈레스 호텔 체크인

2 Day 토레스 델 파이네
- 토레스 델 파이네 투어
- 세로 카스티요 Cerro Castillo
  칠레–아르헨티나 국경 넘어
  칼라파테로 육로 이동
- 칼라파테 호텔 체크인

3 Day 피츠로이 트레킹
- 피츠로이 트레킹 투어
- 칼라파테 호텔 연박

4 Day 모레노 빙하
- 모레노 빙하 투어
- 칼라파테 호텔 연박

5 Day 우수아이아로 이동
- 칼라파테–우수아이아 항공 이동
- 비글해협 유람선 투어
- 우수아이아 호텔 체크인

6 Day 세상의 끝 투어
- 세상의 끝 기차 투어
- 우수아이아 호텔 연박

7 Day 부에노스아이레스로 이동
- 우수아이아–부에노스아이레스 항공 이동

01 푸에르토 나탈레스 Puerto Natales

칠레 남부의 파타고니아에 위치한 작은 항구 도시로, 토레스 델 파이네로 가는 관문 역할을 한다. 남미의 시골 분위기를 느낄 수 있는 참 작고 이쁜 마을로, 사람들 또한 굉장히 순박하고 친절하다. 산책 겸 한 바퀴 돌고 나면 마을의 한적한 분위기에 마음이 평온해진다. 마을 앞에는 강인지 호수 인지 모를 큰 물줄기가 노을을 삼키며 굵게 흐르는데, 바다의 일부인 만이다. 한쪽에선 태평양이 파고들어 오고, 다른 쪽에선 빙하와 산맥에서 녹은 물이 들어와 형성된 것이다. 지나가는 행인을 반갑게 맞아주는 오두막의 한 식당에서 소박하지만 싱싱한 해산물 한 접시로 마을 사람 인심을 들이켜 보자.

푸에르토 나탈레스 들어가기

✈ 항공

산티아고에서 국내선 비행기를 타고 푸에르토 나탈레스 혹은 푼타 아레나스로 향한다. 국내선 비행기를 탈 때는 비행기 출발 2시간 전에는 공항에 도착해야 한다. 산티아고 공항의 코드명은 SCL이다. 푸에르토 나탈레스 공항의 코드명은 PNT이며 푼타 아레나스는 PUQ다. 라탐 항공을 기준으로 비행기 일반석 위탁 수하물의 무게는 20kg이다. 산티아고에서 푸에르토 나탈레스까지 비행시간은 약 3시간 20분 정도 소요된다.

푼타 아레나스에서 푸에르토 나탈레스로
산티아고에서 출발하는 푸에르토 나탈레스 항공편이 없는 경우가 있다. 이때는 가장 가까운 푼타 아레나스 공항으로 이동하게 되는데 비행시간은 약 3시간 25분 소요된다. 푸에르토 나탈레스에서 숙박을 해야 하므로 푼타 아레나스로 가는 경우엔 푼타 아레나스에서 푸에르토 나탈레스까지 차로 약 3시간을 가야 한다.

푸에르토 나탈레스의 기본 정보

✖ 역사

푸에르토 나탈레스는 1911년 5월 31일에 설립되었다. 이 지역은 원래 알
라칼루프Alacaluf와 테우엘체Tehuelche 원주민이 살았던 곳이다. 19세기 후
반부터 유럽 이민자들이 도착하면서 양모와 양고기 산업이 발달했다. 20
세기 초에는 유럽, 특히 크로아티아 출신의 이민자들이 많아지며 도시가
성장하였다. 푸에르토 나탈레스는 주로 농업과 어업을 중심으로 경제가
이루어졌으며, 1970년대 이후로는 관광업이 급성장했다. 토레스 델 파이
네 국립 공원과의 근접성 덕분에 이 지역은 모험 관광과 자연 탐험의 중
심지가 되었다.

✖ 지형

남부 파타고니아 지역에 위치해 있으며, 해발 약 3m에 위치한 항구 도
시이다. 도시 주변에는 안데스산맥의 연장선인 코르디예라 델 파이네
Cordillera del Paine산맥이 있으며, 호수와 빙하가 어우러진 아름다운 자연
경관을 자랑한다. 근처에는 소브라르Sobrar 호수와 울티마 에스페란자
Ultima Esperanza 피오르드가 있어 해양 생태계와 자연 경관을 감상할 수
있다.

✖ 날씨

아한대 기후를 가지고 있으며, 연평균 기온은 약 7℃이다. 여름철(12~2월)에는 평균 최고 기온이 약 15℃, 최저 기온이 약 5℃에 이르며, 겨울철(6~8월)에는 평균 최고 기온이 약 4℃, 최저 기온이 약 −2℃로 떨어진다. 강수량은 연중 고르게 분포되어 있으며, 연평균 약 400mm의 비가 내린다. 바람이 많이 부는 지역으로, 특히 겨울철에는 강한 바람이 자주 불어 기온이 더욱 낮게 느껴질 수 있다.

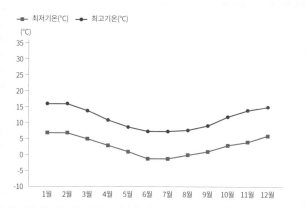

✖ 교통

도심 거리가 비교적 짧기 때문에 주요 상점, 레스토랑, 숙소 등 대부분의 장소에 걸어서 접근할 수 있다. 시내 곳곳에는 자전거 대여 서비스도 있어, 도보나 택시 외에 자전거를 이용하는 것도 좋은 선택이다. 푸에르토 나탈레스는 푼타 아레나스와 다니는 버스가 잘 갖춰져 있어, 토레스 델 파이네 국립 공원은 물론 주변 자연 경관을 탐방하기에 수월하다.

Tip | 파타고니아의 어원

파타고니아Patagonia는 남아메리카의 남부 지역을 지칭하며 칠레와 아르헨티나에 걸쳐 있다. 이 이름은 1520년 포르투갈 탐험가 페르디난드 마젤란Ferdinand Magellan이 이 지역을 발견했을 때, 이곳의 원주민들을 파타곤Patagón이라 부르면서 유래했다. '파타곤'은 '큰 발을 가진 사람'을 의미하며, 당시 원주민인 테우엘체Tehuelche족의 큰 키와 발에서 비롯된 것으로 추정된다. 테우엘체족은 이 지역 야생 동물인 과나코라는 동물의 가죽으로 옷과 신발을 만들어 입곤 했는데, 눈길 위에 큰 가죽 신발로 찍힌 발자국을 발견한 탐험가들이 이곳 원주민들의 발이 크다고 생각한 것이다. 마젤란의 보고서로 유럽에 알려진 파타고니아는 이후 여러 탐험가들의 관심을 받으며 유명해졌다. 파타고니아는 북쪽의 리오 콜로라도 강부터 남쪽의 티에라 델 푸에고까지 이어지며, 안데스 산맥을 중심으로 동쪽은 아르헨티나의 평야와 초원, 서쪽은 칠레의 산악과 피오르드 지형으로 이루어져 있다. 오늘날 파타고니아는 자연 보호 구역이자 관광지로, 트레킹, 등산, 빙하 탐험 등 다양한 야외 활동을 즐기러 전 세계에서 찾아오는 곳이다.

밀로돈 동굴
(26.5km)

Manuel Señoret

Bernardo Philippi

Barros Arana

Magallanes

Carlos Bories

아르마스
Plaza Ar

교회 •

Hermann Eberhard

Ⓑ

나탈레스 역사 박물관
Municipal Historico Museum

Ⓡ 깡그레호 로호
Cangrejo Rojo

Manuel Bulnes

푸에르토 몬트행
페리 항구

Ladrilleros

Avenue Pedro Montt

N

푸에르토 나탈레스

⇧ 토레스 델 파이네 국립 공원
(60km)

Arturo Prat

Ⓡ 엘 아사도 파타고니코
El Asador Patagónico

🚌 Buses Pacheco
(버스 회사)

Manuel Bulnes

Ⓡ 메씨따 그란데
Mesita Grande

UNI Mart
(마트)
•

Manuel Baquedano

Esmeralda

Ⓡ 엔뜨레 빰빠 이 마르
Entre Pampa y Mar Restaurant

• El Vergel
(과일을 많이 파는 마트)

Bernardo O'Higgins

Chorrillos

Blanco Encalada

Miraflores

Yungay

★ 푸에르토 나탈레스의 어트랙션

아름다운 노을이 찰랑이는 바다 앞 항구 마을에서 파타고니아의 첫날을 알차게 보내보자.

★★★

나탈레스 역사 박물관
Municipal Historical Museum

1990년에 개장한 박물관으로 약 14,000년 전부터 1930년대까지의 역사 자료를 보관 중이다. 원주민 역사실부터 유럽 이민자 생활관까지 총 7개의 섹션으로 아기자기하게 구성되어 있다.

주소 Manuel Bulnes 285, 6160982 Puerto Natales,
　　 Natales, Magallanes y la Antártica Chilena
운영 월~금 08:00~18:00, 매주 토·일요일 휴무

★★★

밀로돈 동굴 Milodon Cave

푸에르토 나탈레스에서 약 24km 떨어진 곳으로 약 12,000년 전 홀로세 초기에 살았던 땅나무늘보인 밀로돈의 화석이 발견되어 유명하다. 이 동굴은 높이 약 30m, 너비 약 80m, 깊이 약 200m로 큰 규모를 자랑한다. 1896년 독일 탐험가 에버하르트가 밀로돈의 피부, 뼈, 털 등의 화석을 발견해 유명해졌으며, 현재는 자연 기념물로 지정되어 보호받고 있다. 동굴 내부에는 밀로돈의 실물 크기 모형이 있다.

주소 Ruta y-290kil metro 8, Puerto Natales

★★★

토레스 델 파이네 국립 공원 Torres del Paine National Park

칠레 남부 파타고니아 지역에 위치한 세계적으로 유명한 국립 공원으로, 유네스코 생물권 보전 지역으로 지정되어 있다. 약 2,400km²의 면적에, 세 개의 거대한 화강암 봉우리인 토레스 델 파이네Torres del Paine와 파이네 그란데Paine Grande, 로스 쿠에르노스Los Cuernos 등의 산봉우리, 그레이 빙하Grey Glacier와 페오에 호수 Lake Pehoé 등의 자연 명소가 있다. 과나코, 퓨마, 안데스 콘도르 등 희귀 동물들과 다양한 새와 식물이 서식하고 있으며, 특히 남반구의 봄과 여름인 10월부터 4월까지가 방문하기 가장 좋다. 다양한 트레킹 코스와 캠핑장 등도 활성화되어 있다.

토레스 델 파이네 투어

토레스 델 파이네를 하루에 만끽할 수 있는 일정! 바람이 굉장히 많이 불어 추울 테니 두꺼운 점퍼나 바람막이와 털모자 등을 꼭 챙겨 가자. 차량을 타고 토레스 델 파이네 3봉을 멀리서부터 가까이, 여러 각도로 감상하며 투어를 도는 것이 포인트다.

❶ 전망대

세라노 강 전망대는 빼어난 자연 경관을 감상할 수 있는 장소로, 강이 흐르는 모습과 주변의 산악 지형이 어우러져 장엄한 풍경을 볼 수 있다.

❷ 국립 공원 도착

입장권을 구매하고, 다양한 야생 동식물과 아름다운 자연 풍경을 감상하자.

❸ 그레이 호수

빙하에서 흘러나온 맑은 물과 작은 얼음덩어리들을 직접 눈으로 확인해 보자.

❹ 페오에 호수

잠시 멈춰 점심을 즐겨보자. 고요한 호수와 장엄한 산들을 배경으로 하는 식사는 그 자체로 특별한 경험이 될 것이다.

❺ 살토그란데

거대한 물줄기가 떨어지며 내는 굉음과 함께 시원한 물보라를 맞을 수 있다. 거세게 부는 골바람을 조심해야 한다.

❻ 아마르가 라구나

고요한 호수 앞에서 마음을 잠시 내려놓아 보자. 청명한 하늘과 산들이 호수 위에 비치는 풍경이 마치 그림처럼 펼쳐져 있을 것이다.

❼ 세로 카스티요

세로 카스티요는 칠레-아르헨티나 국경을 넘어 엘 칼라파테로 가는 길목에 있다. 늦게 도착하니 미리 도시락을 준비해 두면 좋다.

★ 푸에르토 나탈레스의 레스토랑

푸에르토 나탈레스는 칠레 남부 파타고니아 지역에 위치한 작은 도시이다. 이곳은 특히 해산물 요리로 유명하며, 신선한 연어, 대구, 게 등 다양한 해산물을 사용한 요리들을 맛볼 수 있다.

엘 아사도 파타고니코 El Asador Patagónico

아르헨티나 아사도를 맛보기 전에 칠레 아사도를 맛봐야 한다. 파타고니아 아사도의 정수를 체험할 수 있는 레스토랑이다. 해산물보다 고기가 끌린다면 이곳에서 아사도를 먹도록 하자.

주소 Baquedano 759,
　　　Puerto Natales
위치 아르마스 광장 맞은편
운영 13:00~23:00
전화 +56 61 241 2567
홈피 chileqr.cl/asadorpatagonico

깡그레호 로호 Cangrejo Rojo

'붉은 게'를 의미하는 깡그레호 로호는 파타고니아 해변의 신선한 해산물을 맛볼 수 있는 곳이다. 인테리어가 참 아기자기하며, 아름다운 항구 전망을 가지고 있기도 하다. 게 요리와 생선 요리가 유명한데, 특히 게 요리가 인기다.

주소 Manuel Bulnes 307,
　　　Puerto Natales
위치 호텔 가에서 슈퍼믹스로
　　　내려가는 중에 소방서 맞은편
운영 월~토 13:00~15:00,
　　　17:00~21:30, 매주 일요일 휴무
전화 +56 61 261 4525

엔뜨레 빰빠 이 마르
Entre Pampa y Mar Restaurant

바다와 산의 만남! 파타고니아의 풍미를 가득 담은 육류와 해산물을 선보이는 곳이다. 해산물과 스테이크를 동시에 먹고 싶다면 이곳을 추천한다.

주소 Arturo Prat 379, 6160000
　　 Natales, Magallanes
　　 y la Antártica Chilena
위치 모다치나ModaChina 상점
　　 대각선 건너편
운영 월·화·목~토 12:00~22:00,
　　 일 12:00~17:00,
　　 매주 수요일 휴무
전화 +56 9 6830 8786

메씨따 그란데 Mesita Grande

고소한 모짜렐라 치즈에 시골의 신선한 재료로 만드는 피자를 맛볼 수 있는 곳이다. 피자 종류가 수십 가지이며 주문 즉시 화덕에서 구워 나온 따끈따끈한 피자를 먹을 수 있다.

주소 Arturo Prat 196, Puerto Natales
위치 아르마스 광장 맞은편
운영 월~토 12:30~22:00, 일 13:00~20:00
전화 +56 61 241 1571
홈피 mesitagrande.cl

02 엘 칼라파테 El Calafate

엘 칼라파테는 아르헨티나 남부 파타고니아 지역에 위치한 작은 도시로, 아르헨티나 파타고니아 여행의 거점이다. 로스 글라시아레스 국립 공원의 페리토 모레노 빙하가 세계적으로 유명하다. 산타 크루즈 주에 속해 있으며, 빙하가 녹아 흘러 만들어진 아름다운 아르헨티노 호수^{Lago Argentino}가 도시를 감싸고, 안데스산맥의 끝자락을 장식하는 산들이 우뚝 솟아 있는 아름다운 도시다.

엘 칼라파테 들어가기

✈ 버스(국제버스)

남미 대륙 남쪽의 파타고니아, 그중 칠레의 토레스 델 파이네 투어를 마치고, 칠레에서 아르헨티나 국경을 넘는다. 국제버스로 이동해야 하는 구간이지만 프라이빗한 여행사의 예약 서비스를 이용한다면 칠레에서 짐을 따로 옮겨서 다시 새로운 버스에 탑승하고, 출입국 절차까지 신경 써야 하는 번거로움을 피할 수 있다. 칠레 입출국 사무소에서 짐을 내릴 필요 없이 여권을 보여주며 간단한 심사 절차를 거치고 버스에 탑승한다. 그리고 아르헨티나 입출국 사무소에서 다시 내려 여권 심사만을 간단히 받고 버스에 탑승하면 아르헨티나 입국이 간단하게 마무리된다.

푸에르토 나탈레스에서 엘 칼라파테로

소요시간은 약 5시간이며, 위탁 수하물 무게 제한은 없다. 육로 국경을 통해 아르헨티나를 이동할 때 특별하게 유의할 점은 없다. 다만 여권은 반드시 있어야 한다는 것을 명심하자. 육로로 국경을 이동한다는 것은 우리나라 사람에게는 아주 생소하고 특별한 경험이며, 상대적으로 절차가 간단해 보이기도 하지만, 여권이 없으면 출입국은 불가능하다. 고산 지대에서 내려와 몸과 마음이 편해졌을 때 여권, 핸드폰 분실이 실제로 가장 많이 일어난다. 비행기를 타지 않아도 여권이 필요하다는 것을 잊지 말자. 아르헨티나 입국 사무소는 작은 오두막같이 아담하고 예쁘게 생겼다. 외부에서는 얼마든지 사진 촬영이 가능하지만, 내부에서의 촬영은 엄격하게 금지되어 있으니 주의해야 한다. 출입국 절차를 마친 후 4시간 정도를 버스로 더 달려가면 마침내 엘 칼라파테에 도착하게 된다.

Tip | 엘 칼라파테에서
꼭 해야 할 일!

1. 빙하 크루즈를 타고 가까이에서 빙하 감상하기
2. 빙하 전망대 산책하기
3. 빙하를 바라보며 점심 도시락 먹기
4. 칼라파테 열매 먹어보기

Tip | 떠나기 전 팁!

칠레 출입국 사무소 옆 건물에 작은 휴게소가 있다. 먼길 떠나기 전에 화장실도 들러주고, 가볍게 커피 한잔을 즐길 수도 있으며, 칠레에서의 마지막 기념품을 구경하기에도 좋다.

엘 칼라파테의 기본 정보

✳ 역사

엘 칼라파테는 1927년에 설립되었으며, 설립 초기에는 양치기와 양모 상인들을 중심으로 한 작은 마을이었다. '엘 칼라파테'라는 이름은 스페인어에서 유래되었으며, '누수 방지' 또는 '틈을 메우다'라는 의미를 가진 'Calafatear'라는 동사에서 비롯되었다. 이 용어는 이 지역에 엄청난 양의 빙하수가 막혀 흐르지 못하는 현상을 묘사하는 데 사용되었으며, 시간이 지나면서 이 도시의 이름으로 자리 잡게 되었다. 또한, 칼라파테라는 파타고니아 지역에서 자라는 어두운 파란색 야생 열매의 이름과도 관련이 있다. 전설에 따르면, 이 열매를 먹은 사람은 파타고니아 땅으로 다시 돌아올 것이라고 한다. 도시 근처에 있던 라고 아르헨티노 공항Aeropuerto de Lago Argentino이 폐쇄되고 2000년 11월에 시내에서 약 21km 떨어진 곳에 국제공항이 개장한 후로 매년 많은 관광객이 찾고 있다. 그렇게 관광 산업이 발달하기 시작했고, 특히 1970년대에 로스 글라시아레스 국립 공원이 유네스코 세계 자연유산으로 지정되며, 관광객들이 더욱 급증했다. 오늘날 엘 칼라파테는 페리토 모레노 빙하로 가는 관문으로서 중요한 역할을 하고 있다.

✳ 지형

엘 칼라파테는 파타고니아 대평원의 남쪽 끝, 아르헨티나 파타고니아 지역에 위치한 작은 도시이다. 토레스 델 파이네 칠레 국경과 근접한 이 지역은 빙하, 호수, 산악 지형이 어우러진 로스 글라시아레스 국립 공원의 일부이다. 페리토 모레노 빙하는 끊임없이 움직이고 성장하는 빙하로, 그 지속적인 변화가 관광객들에게 큰 인기를 끌고 있다. 엘 칼라파테는 해발 약 200m에 위치해 있으며, 주변에는 아르헨티노 호수가 있어 아름다운 경관을 자랑한다.

✳ 날씨

엘 칼라파테는 서늘한 기후를 가지고 있으며, 연중 바람이 많이 부는 것이 특징이다. 여름(12~2월)에는 낮 최고 기온이 약 20℃에 이르며, 밤에는 기온이 급격히 떨어져 약 5℃까지 내려간다. 겨울(6~8월)에는 낮 최고 기온이 약 4℃에 머물고, 밤에는 영하로 떨어진다. 강수량은 연중 고르게 분포되어 있지만, 바람이 강한 날이 많아 체감 온도는 더 낮게 느껴질 수 있다. 엘 칼라파테를 방문할 때는 따뜻한 옷과 방풍 재킷을 준비하는 것이 좋다.

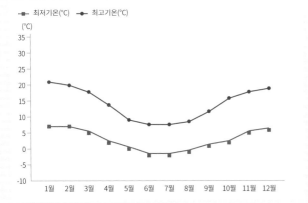

✳ 교통

엘 칼라파테는 주요 관광지로, 다양한 교통편을 이용할 수 있다. 시내에서는 주로 택시와 버스를 이용할 수 있으며, 주변 관광지로 이동할 때는 투어 버스나 렌터카를 이용할 수 있다. 페리토 모레노 빙하로 가는 길은 잘 정비되어 있어 차량 이동이 쉽다. 엘 칼라파테 공항(FTE)은 부에노스아이레스, 우수아이아 등 주요 도시와 연결되는 항공편을 제공하며, 관광객들이 편리하게 접근할 수 있다.

엘 칼라파테

돈 파촌 ⑧
(1km)

Cnel. Rosales

⑧ 라 타블리타
La Tablita

José Pantin

엘 칼라파테 ● 주유소
성당 ● ● 교회
⑧

마트

슈퍼마켓

Cmte. Tomás Espora

돈 루이스
Los Gauchos ⑪ ⑯ DON LUIS

⑪ 미 란초 ● 카지노
Mi Rancho

25 de Mayo
⑧ ● 약국

미 비에호 ⑧
Mi Viejo

Bustillo

국립 공원 ⑰
관광안내소 1 de Mayo
⑧

나메스 호수
(800m)

Av. Juan Domingo Perón

Julio Argentino Roca

⊕

Gdor. Moyano

Av. 17 de Octubre

Av. del Libertador Gral. San Martín

아르헨티나 호수
Lago
Argentino

N

★ 엘 칼라파테의 어트랙션

엘 칼라파테는 아르헨티나 파타고니아 지역의 아름다운 자연 경관을 자랑하는 작은 도시로, 세계적으로 유명한 페리토 모레노 빙하를 비롯한 로스 글라시아레스 국립 공원의 주요 관문이다. 이곳은 빙하 탐험과 트레킹, 호수 투어 등 자연과 가까이 접할 수 있는 다양한 액티비티를 제공한다. 도시 자체는 작지만 아늑한 분위기를 자아내는 레스토랑과 카페, 숙소들이 많아 편안한 여행을 즐길 수 있다.

★★★
로스 글라시아레스 국립 공원 Parque Nacional de los Glaciares

로스 글라시아레스 국립 공원은 전체 면적 4,459㎢로 남극과 그린란드에 이어 3번째로 큰 빙하 면적을 가지고 있다. 1937년에 국립 공원으로, 1981년에 유네스코 세계 자연유산으로 지정되었다. 이곳 빙하는 풍부한 강설량과 비교적 높은 기온 탓에 해빙, 결빙이 짧은 주기로 반복된다. 이 때문에 거대한 빙하가 굉음을 울리며 호수로 붕괴되는 모습을 자주 볼 수 있다. 이 붕괴로 인해 로스 글라시아 국립 공원은 유명세를 타기 시작했고 지금은 엘 칼라파테를 찾는 주요한 이유가 되었다. 국립 공원은 페리토 모레노 빙하, 웁살라 빙하처럼 커다란 빙하가 47개나 있으며, 오랜 세월을 거쳐 빙하가 만들어낸 U자형 계곡과 빙하 호수, 험준한 산들이 어우러져 멋진 풍광을 만들어 낸다.

★★★
엘 찰텐 마을 El Chaltén

엘 칼라파테에서 220km 떨어진 엘 찰텐은 인구 약 1,200명의 작은 마을이지만 트레킹, 승마, 캠핑 등 야외 활동을 즐길 수 있는 아웃도어의 천국이다. 숙박 시설과 식당 등이 도시의 규모에 비해 많다. 엘 찰텐 마을 가까이 다다르면 피츠로이산Cerro Fitz Roy(3,405m)과 세 봉우리의 자태가 아름다운 세로 토레Cerro Torre 연봉이 나타난다. 구름에 가려 산이 다 보이는 날이 많이 없기 때문에 산들이 잘 보이는 날이면 고속버스를 타더라도 운전기사가 잠시 정차해서 사진 찍을 시간을 주기도 한다.

페리토 모레노 빙하 Glaciar Perito Moreno

엘 칼라파테에서 약 80km 떨어진 페리토 모레노 빙하는 총길이가 약 35km이고, 표면적이 195㎢, 끝부분의 폭이 5km, 높이는 약 60m나 된다. 풍부한 강설량과 높은 기온으로 흐름이 빠른 것이 이 지역 빙하의 특징인데 평균적으로 하루에 중앙부에서 2m, 양 끝에서 40cm가 움직이고 있다. 이 움직임은 붕괴를 일으키는데, 붕락을 자주 볼 수 있는 시즌은 여름인 12~2월이다. 마가야네스 반도의 남쪽으로 리코 만을 따라 차로 1시간 가면 반도 끝부분의 전망대에 도착한다. 주차장에 내리면 왼쪽에 상점과 간단한 식당을 겸한 건물이 있고 건물 지하에 화장실이 있다. 빙하 전망대는 주차장 오른편에 있다. 튼튼하게 잘 정비된 전용 길을 따라 걸으면서 빙하를 둘러본다. 몇 군데의 발코니를 거치는데 빙하 전체를 볼 수 있는 전망대 Primer Balcon가 좋다. 빙하를 중심으로 왼쪽에 보이는 산이 모레노산, 오른쪽이 네그로산이다. 첫 번째 전망대에서 두 번째 전망대인 Segundo Balcon 부근까지 가면 빙하와 눈높이가 가까워진다. 전망대마다 보는 높이와 광경이 다르므로 천천히 걸으면서 충분히 감상하는 것이 좋다. 여름에는 여기저기서 대포 터지는 소리와 함께 빙하가 붕괴되는 광경을 볼 수 있다.

 피츠로이산 Cerro Fitz Roy

광활한 팜파스 너머로 하늘을 찌를 듯한 바위산이 나타나는데, 그중에서도 가장 높이 우뚝 솟아 있는 산이 피츠로이산(3,405m)이다. 세찬 기류가 정상 부근에서 충돌해 하얀 연기를 뿜어내는 것처럼 보인다고 해서, 원주민들은 이 산을 '엘 찰텐(연기를 내뿜는 산)'이라고 불렀다고 한다. 그리 높은 산은 아니지만 독특한 모습과 하얀 구름에 덮여 있는 모습에 해마다 많은 등산객이 몰려들고 있다. 카프리 호수에 도착해 준비한 도시락을 즐겨보자.

피츠로이 트레킹 투어

파타고니아 3대 포인트 중 하나인 피츠로이산에 접근하는 투어다. 이 엘 찰텐 구역의 트레킹 코스는 상급자 코스부터 초보자 코스까지 여러 가지다. 그중 난이도가 낮아 거의 산책 수준으로 하루 만에 피츠로이산의 멋진 모습을 감상할 수 있는 코스를 소개한다.

❶ 중간 휴게소

엘 칼라파테에서 북쪽으로 230km 지점에 있는 엘 찰텐 마을까지 차량으로 약 3시간을 달려 이동한다. 중간에 휴게소를 들를 수 있는데, 갓 구운 빵을 하나 사 먹으며 등산 전 체력을 보충하자.

❷ 출발지

출발지에서 마을 뒤로 우뚝 서 있는 피츠로이 봉우리를 배경으로 먼저 사진을 찍어보자.

❸ 올라가는 길

목적지까지 오가며 둘러보는 풍경도 일품이다. 카프리 호수까지 편도로 4km, 약 2시간 정도 걸린다.

❹ 카프리 호수 도착

카프리 호수에 도착하면 파란 호수 뒤로 어마어마하게 솟아 있는 봉우리들이 보인다. 차가운 물에 발을 담가 피로를 풀어보자. 수건을 챙겨 가면 좋다.

❺ 점심 식사

준비한 도시락을 먹어보자. 세상 꿀맛일 것이다.

Tip | 등산 시 안내 사항

- 배낭에 꼭 필요한 물건만 넣고 절대 무겁게 하지 않는다.
- 등산화는 발에 잘 맞고 좋은 것을 신고 끈을 단단히 묶고 발목 부분을 잘 고정해야 한다.
- 등산 전에 온몸을 충분히 풀고 체온을 높여 혈액 순환을 촉진한다.
- 팀이 함께 올라가면, 일행 중 가장 등반 속도가 느린 사람을 기준으로 산행한다.
- 체력을 한 번에 다 쓰려고 하지 말고 언제나 3할 이상은 비축한다.
- 땀으로 배출된 수분을 충분히 섭취해야 하지만, 갈증이 난다고 해서 한 번에 많은 양의 물을 마시면 오히려 독이 되므로 조금씩 자주 마시는 것이 좋다.
- 떨어진 에너지를 보충하기 위해서는 열량이 높은 초콜릿, 사탕 등을 미리 준비해 가면 좋다.

페리토 모레노 크루즈 투어

세계 3대 얼음 지대로 꼽히는 곳 남극, 그린란드 그리고 파타고니아 남부 얼음 지대. 바로 이 곳에서 모레노 빙하를 볼 수 있다. 푸른색을 띠는 빙하는 눈이 부실 만큼 아름답다. 유람선에 탑승해 가까이에서 한 번, 전망대를 걸으며 높은 곳에서 또 한 번 빙하의 아름다움을 느껴보자. 종종 떠내려오는 빙하 조각을 들어 올려 사진을 찍는 것도 잊을 수 없는 추억이 될 것이다.

❶ 유람선 탑승

오전에 일찍 선착장으로 향해 유람선에 탑승한다.

❷ 빙하로 이동

유람선으로 빙하에 접근해 보자.

❸ 모레노 빙하

가까이서 보는 모레노 빙하. 가끔 빙하가 녹아 떨어지는 아찔한 장면을 목격할 수 있다.

❹ 얼음 들어보기

갑판 위에서 빙하의 얼음을 가져와 들어보는 체험도 할 수 있다.

❺ 전망대로 이동

유람선 투어를 마치면 공원 전망대로 향하자.

❻ 빙하 지대 구경

전망대에서 보는 광활한 빙하 지대에 감탄사를 아끼지 말자.

★ 엘 칼라파테의 레스토랑

엘 칼라파테에서는 양고기를 꼭 맛봐야 한다. 한국에서 먹는 양고기도 맛있지만, 아르헨티나의 양고기 아사도는 전혀 새로운 요리다. 잡내 없이 기름기가 쫙 빠진 촉촉하고 부드러운 양고기에서는 지금껏 먹어본 적 없는 새로운 맛을 느낄 수 있다. 거기에 아르헨티나 와인까지 곁들인다면 그야말로 만족할 만한 최고의 한 끼 식사가 될 것이다.

미 비에호 Mi Viejo

엘 칼라파테에서 양고기 요리를 즐길 수 있는 대표적인 레스토랑 중 하나인 미 비에호는 양고기를 비롯한 다양한 고기 요리를 전문으로 한다. 신선한 재료와 정성스러운 조리법으로 현지인과 관광객 모두 즐겨 찾고 있다.

주소 Libertador 1111
위치 시내 메인도로인
　　리베르타도르 거리의
　　우체국 옆
운영 수~월 12:00~14:30,
　　19:00~23:00, 매주 화요일 휴무
전화 +54 2902 49 1691

라 타블리타 La Tablita

엘 칼라파테에서 가장 유명한 아사도 식당. 주말에 예약 없이 먹기는 불가능할 정도로 인기 있는 집이다. 인테리어와 직원들의 친절도 중요하지만, 최고의 식당답게 맛 부분에서는 나무랄 데가 없다. 통째로 구워내는 양고기 아사도는 잡내 하나 없이 훌륭한 맛을 낸다.

주소 Rosales 28
위치 리베르타도르 직선 거리
　　끝부분에 있는 관광안내소
　　바로 앞
운영 12:00~16:00, 19:00~24:00
전화 +54 2902 49 1065
홈피 www.la-tablita.com

미 란초 Mi Rancho Restaurant

아늑하고 따뜻한 분위기 속에서 파타고니아의 전통 현지의 맛을 볼 수 있는 곳이다. 마치 동화 속에 들어온 듯한 느낌도 들며 기분 좋은 한끼 식사를 즐길 수 있다. 양고기 티본 스테이크가 인기다. 비교적 예약 없이 방문할 수 있는 확률이 높기는 하나, 약간의 웨이팅은 생각해야 한다.

주소 Gobernador Moyano 1089
위치 메인거리 미 비에호 식당 맞은편
      골목으로 5분
운영 12:00~15:00, 19:30~11:30
전화 +54 2902 49 6465

돈 피촌 Don Pichon

메인거리에서는 약간 떨어져 있지만 아르헨티나 호수가 한눈에 내려다보이는 멋진 뷰를 자랑한다. 양고기와 다양한 고기 요리를 맛볼 수 있다.

주소 Puerto Deseado 242
위치 메인거리에서 차량으로 5분 정도
      걸리는 언덕 위
운영 19:00~24:00
전화 +54 2902 49 2577

돈 루이스 DON LUIS

엘 칼라파테에서 유명한 빵집이다. 다양한 빵과 디저트가 있고 커피와 간단한 식사류를 판매한다. 가벼운 저녁이나 투어를 위한 간식 도시락을 준비하기 좋다.

주소 Libertador 1536
위치 메인거리
운영 07:00~22:00
전화 +54 2902 48 9750

우수아이아는 아르헨티나의 티에라 델 푸에고섬 남단에 위치한 세계에서 가장 남쪽에 있는 도시. 티에라 델 푸에고 주의 수도로, 남극에서 가장 가까운 도시이며 도로로 접근할 수 있는 가장 남쪽 도시로 알려져 있다. 티에라 델 푸에고 국립 공원이 있고, 남극 탐험의 출발점이기도 하다. 우수아이아는 마젤란 해협과 비글 해협 사이에 자리 잡고 있는데, 아름다운 바다와 산, 빙하가 어우러져 독특하고 아름답다. 햇빛이 쏟아져도, 비가 와도, 눈이 와도, 단풍이 들어도 아름다운 도시.

우수아이아 들어가기

✈ 항공

엘 칼라파테 공항에서 우수아이아까지 버스로 이동하면 약 18시간이 소요된다. 항공으로 이동할 경우, 비행시간은 약 1시간 20분. 체력적으로나, 시간적으로나 항공 이동이 유리하다. 엘 칼라파테의 공항 코드명은 FTE, 우수아이아의 공항 코드명은 USH이다. 짐 태그의 행선지 공항 코드와 항공권의 영문명을 언제나 확인하는 것을 잊지 말자. 주요 항공사는 Aerolineas Argentinas, 일명 AR이다. 국내선 이동이기 때문에 2시간 전까지 공항에 도착하면 된다.

엘 칼라파테에서 우수아이아로

AR의 위탁 수화물 규정은 15kg이다. 지금까지 빵빵하게 채워 왔던 캐리어를 비워내야 한다. 추가한다면 최대 23kg까지 가능하다. 초과 수화물 수수료는 10~20달러 선으로 비싼 요금은 아니지만, 안 그래도 답답한 남미의 공항에서 수화물 추가를 위한 수수료 결제와 그 절차는 상상을 초월하게 오래 걸린다. 짐을 줄이는 수고 대신, 당당하게 추가 수수료를 내겠다고 마음을 먹었다가 첫 번째 아르헨티나 항공 체크인을 겪은 후에 절대로 15kg을 넘기지 않고 짐을 비워낸 분들이 많이 계신다. 눈이 많이 오는 우수아이아 건물들의 지붕은 뾰족한 세모 지붕이다. 우수아이아 공항 또한 세모 지붕이다. 공항에서 호텔이 있는 시내까지는 차로 약 15분 정도면 동화 속 세계에 들어온 듯한 우수아이아에 도달한다.

Tip | 우수아이아에서 꼭 해야 할 일!

1. 세상의 끝 기차를 타고 국립 공원 즐기기
2. 비글해협 크루즈를 타고 세상의 끝 등대 바라보기
3. 세상의 끝 우체국 앞에서 사진 찍기
4. 우수아이아 해산물 맛보기

Tip | 수화물은 15kg까지

칠레에서 잘 참고 넘어왔어도, 아르헨티나에서까지 좋은 와인을 사 가고 싶다는 유혹을 뿌리치기는 쉽지 않을 것이다. 하지만 '수화물 15kg'을 기억하자! 현지에서 마시는 와인의 맛이 가장 각별하다는 사실도 함께….

우수아이아의 기본 정보

✳ 역사

1520년 대서양 쪽에 남하했던 마젤란은 벼랑 위에서 몇 개의 불을 발견했다. 이 불은 이곳에 살고 있던 원주민의 횃불이었다고 하는데, 바람이 강한 불모의 땅에서 타고 있는 불을 이상하게 여긴 마젤란이 이곳을 '티에라 델 푸에고', 즉 불의 대지라고 불렀다고 한다. 우수아이아가 위치해 있는 섬이 바로 불의 대지, 푸에고섬Tierra del Fuego이다. 우수아이아는 또한 아르헨티나와 칠레 간의 국경 분쟁과 관련해 전략적인 위치를 차지하며, 군사적 요충지로서도 중요한 역할을 해왔다. 오늘날 우수아이아는 세계 최남단 도시로, 모험가와 탐험가들에게 특별한 매력을 제공하는 장소로 알려져 있다.

✳ 지형

우수아이아는 마젤란 해협과 비글 해협, 대서양으로 둘러싸인 약 48,000㎢의 섬에 위치하며, 이 섬은 절반이 칠레령, 나머지 절반이 아르헨티나령이다. 남위 55도에 위치해 수목한계선이 존재하며, 고산 지대에서 볼 수 있는 식생으로 구성되어 있다. 연중 강풍이 불고 기온이 평균 9도 전후로 매우 황량한 기후를 보인다. 부에노스아이레스에서 약 3,250km, 남극 대륙에서 약 1,000km 떨어져 있는 이곳은 남극에서 가장 가까운 최남단 마을로 잘 알려져 있다.

✖ 날씨

높은 고도와 특수한 지형 때문에 날씨가 매우 다양하다. 여름인 12월에서 3월 사이에는 주로 비가 내리는 우기이며, 특히 1월부터 3월까지 강수량이 제일 많다. 이 기간에 낮의 기온은 주로 20도에서 25도 정도이지만, 밤에는 급격하게 추워져 일교차가 크다. 여름 우기 이외의 기간에는 일반적으로 맑고 건조한 날씨가 지속되며, 낮과 밤의 기온 차이가 큰 특징이다.

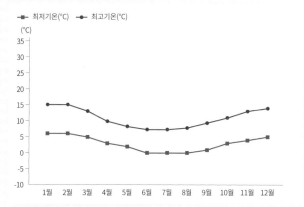

✖ 교통

우수아이아로 들어오는 모든 버스는 터미널이 따로 없고 주요 도로에서 정차하고 출발한다. 낯선 사람이 이유 없이 호의로 제공하는 교통수단을 타서는 절대로 안 된다. 불법 택시로 위장한 강도 사건이 빈번하므로 반드시 조심해야 한다. 택시 기사와 경찰이 한 조가 되어 사칭 범죄를 저지르기 때문에 경찰이 검문을 요구한다면 이에 응하지 말고 사람들이 많은 곳으로 이동하거나 근처 경찰서로 이동해야 한다. 우수아이아 마을은 동네가 작아서 도보로 이동하는 것이 충분히 가능하므로 특별한 이유가 아니라면 되도록 교통수단을 이용하지 않는 것이 안전하다.

Tip | 말비나스(포클랜드) 제도

포클랜드 제도는 남위 51° 부근에 있는 섬으로, 면적은 12,173㎢로 전라남도보다(12,360.5㎢) 약간 작다. 1765년 프랑스 항해가에 의해 첫 발견 후 1800년대 초 스페인에 의해 통치되다가 1833년 이후 영국이 실효 지배해 왔다. 현재 약 3,700명의 인구가 거주하며, 주요 산업은 어업이다. 아르헨티나에서는 '말비나스'라는 이름으로 불린다. 1982년, 경제난에 처한 아르헨티나 군사 정권(갈티에리 정권)은 내부 불만을 무마하기 위해 포클랜드 제도를 침공한다. 약 4천 명의 아르헨티나 병력이 상륙하여 섬을 점령했으나, 영국 수상 마가렛 대처는 약 3만 명의 병력과 항공 모함, 핵 잠수함을 파견해 아르헨티나를 압도하며 승리하게 된다. 이 전쟁으로 영국은 여전히 건재함을 과시했고, 아르헨티나는 더 큰 경제적 어려움에 빠졌다. 같은 시기 칠레가 영국에 푼타 아레나스 공군 기지 사용을 허가해 남미 국가들의 비판을 받았다. 1990년 양국은 재수교하며 현재는 그럭저럭 우호적인 관계를 유지하고 있다. 우수아이아에서는 1950년 후안 페론에 의해 건설되어 포클랜드 전쟁 동안 아르헨티나군의 주요 기지로 사용된 해군 기지를 볼 수 있다. 현재도 아르헨티나 해군 예하 신속 대응 함대 남대서양 병력 소속으로 운영 중이며, 기지 앞에는 해군 주역들의 동상이 있다.

★ 우수아이아의 어트랙션

우수아이아는 세계 최남단의 도시로, '세상의 끝'이라는 별명으로 유명하며 이 지역은 빙하, 산, 바다로 둘러싸여 있어 사계절 내내 다양한 자연경관을 즐길 수 있다. 특히 비글 해협에서의 보트 투어는 아름다운 자연 경관과 펭귄, 바다사자 등 야생동물을 가까이에서 관찰할 수 있는 특별한 경험을 제공한다.

★★★
비글해협 Beagle Channel

비글해협 투어는 우수아이아에서 가장 인기 있는 투어다. 투어를 통해 새들의 섬, 바다사자 섬을 지나며 영화 〈해피 투게더〉에 등장한 세상 끝 빨간 등대(Les Eclaireurs Lighthouse)를 구경할 수도 있다.

★★★
세상의 끝 국립 공원
Tierra del Fuego National Park

1960년에 국립 공원으로 지정된 이곳은 630㎢의 면적을 자랑하며, 서쪽으로는 칠레와 접하고 있고, 남쪽으로는 비글 해협에 접해 있다. 도로와 평행하게 달리는 산맥은 남쪽 끝단에 해당한다. 총 6종류의 식물이 서식한다. 그중에는 너도밤나무의 일종인 렌가, 느릅나무, 긴도 등의 3종류는 파타고니아를 대표하는 수종이다. 가을에는 아름다운 단풍을 즐길 수 있다.

★★★
세상의 끝 우체국
Post Office at the End of the World

세상 끝 국립 공원 내에 위치한 이 우체국에서는 기념 우표를 구매하고 엽서를 보낼 수 있었다. 방문객에게 인기가 많은 장소였으나, 국립 공원 내의 사설 비허가 업체라는 이유로 오랜 시간 재판을 진행해 오다 최근에 폐쇄되었다. 더 이상 운영을 하지는 않지만, 외부에서 사진을 찍을 수는 있다.

★★★
해상 박물관 Museo Maritimo

죄수를 가둬두었던 감옥이 지금은 박물관으로 쓰이고 있다. 2층 죄수실 각각의 방은 남극 탐험에 관한 전시물들이 있고, 중앙홀에는 펭귄 인형 박물관도 있다. 1층 죄수실은 상설 미술 전시실이 있는데, 이곳에선 주로 실험적인 작품이 전시된다. 또한, 해양 생물과 환경 보호에 대한 교육적 요소도 포함되어 있어, 지역의 생태계에 대한 이해를 높이는 데 기여하고 있다.

비글 해협 유람선 투어

진화론을 제시한 영국의 자연사학자이자 생물학자인 찰스 다윈은 1831년부터 1836년까지 비글호를 타고 세계를 탐험하면서 다양한 생물 종을 연구했다. 그가 이 해협을 지났고, 배의 이름을 따서 비글 해협이라는 이름이 붙여졌다. 가마우지 떼와 바다사자를 볼 수 있으며, 영화 〈해피 투게더〉에 나왔던 에클레어 등대Faro Les Éclaireurs, 일명 세상 끝 빨간 등대를 구경할 수 있다. 흔들거리는 배 위에서 낭만을 흠뻑 느껴보자. 운이 좋으면 고래를 만날 수도 있다.

❶ 유람선 탑승
편안한 좌석에 앉아, 바다의 바람을 느끼며 새로운 모험을 나서보자.

❷ 비글 해협 도착
가마우지 떼와 바다사자의 생생한 모습을 카메라에 담아보자.

❸ 브리지 섬
바람과 파도가 깎아낸 신비로운 섬의 풍경을 감상해 보자.

❹ 빨간 등대
영화 〈해피 투게더〉에 나왔던 빨간 등대를 배경으로 사진을 남겨보자.

❺ 세상의 끝
세상의 끝에서 낭만에 젖어보자.

세상의 끝 기차 투어

세상의 끝, 우수아이아 국립 공원을 가로지르는 기차가 있다. 우수아이아 시내에서 8km 떨어진 기차역까지 이동한 후 세상의 끝 기차를 타고 신비로운 자연을 가로지른다. 과거 감옥의 죄수들이 나무를 나르던 철로를 따라가는 느리고 짧은 여정 속에서, 마치 멈춰 있는 듯한 작은 역사의 한 컷을 느껴보다가 라파타이아만을 걸으며 마침내 세상에 끝에 도달한 듯한 감동을 느껴보자.

❶ 시내에서 기차역으로

시내에서 공원 기차역까지 차로 약 20분 걸린다. 전 세계에서 관광객이 많이 찾아오며, 표는 미리 예매하지 않으면 구하기 힘들다.

❷ 기차 탑승

세상의 끝 기차에 올라타자.

❸ 세상의 끝 도착

고요한 자연 속에 유유자적한 삶을 즐기는 말들을 발견할 수 있다.

❹ 자유 시간

기차는 중간에 정류장에 한 번 서고 15분 정도 자유 시간을 준다. 산책로를 따라가면 폭포를 만날 수 있다. 기차는 다시 출발하기 전에 기적 소리로 사람들을 불러 모은다.

❺ 숲 구경

기차에서 내리면 자연에 머물러 조금 더 자연에 머물며 동화 속 숲을 탐험해 보자.

❻ 세상의 끝 우체국

세상의 끝 우체국은 폐쇄된 상태지만 건물은 홀로 남아 있다. 사람들이 많이 찾아와 외롭지 않은 곳이다.

★ 우수아이아의 레스토랑

우수아이아는 특히 신선한 해산물 요리와 파타고니아 특산 요리를 즐길 수 있는 곳들이 많다. 킹크랩이 가장 큰 인기이지만 최근 어획량이 줄어 가격도 많이 올랐을 뿐만 아니라, 없어서 팔지도 사 먹지도 못하는 상황을 많이 볼 수 있다. 그러나 실망하지 말자! 통으로 쪄진 킹크랩이나 털게를 먹을 수 없더라도 게살이 듬뿍 들어간 샐러드나 수프, 메로(흑대구)구이와 같은 맛 좋은 해산물 요리가 잔뜩 기다리고 있으니!

엘 비에호 마리노 El Viejo Marino

해산물 요리와 합리적인 가격의 킹크랩으로 유명한 레스토랑이다. 식사 전에 미리 가게에 들러 당일 들어온 킹크랩이나 털게가 있는지 알아봐야 한다. 운이 좋다면 적절한 가격에 큰 감동을 느낄 수도 있다.

주소 Av. del Libertador 1536, Z9405 El Calafate, Santa Cruz
위치 세상의 끝 박물관에서 도보 10분
운영 11:00~14:30, 19:00~10:30
전화 +54 9 2901 41 8000

티아 엘비라 Tia Elvira

역시 우수아이아에서 킹크랩 요리와 해산물 요리로 유명한 레스토랑이다. 세상의 끝 박물관에서 가까우며, 간판에 게 사진을 걸고 있는 것이 인상적이다. 실제로도 게를 재료로 한 메뉴가 많다. 이곳의 추천 메뉴는 따뜻한 게살수프로, 한 그릇 먹고 나면 몸도 마음도 따뜻해진다. 식당에서 소모되는 모든 식자재는 다른 곳에서 공수해 오지만 맛은 최고다.

주소 Maipú 349
위치 세상의 끝 박물관에서 도보 10분
운영 월~토 12:00~22:00, 매주 일요일 휴무
전화 +54 2901 42 4725

마리아 롤라 레스토
María Lola Restó

신선한 해산물 요리와 파스타로 유명한 언덕 위의 전망이 예쁜 레스토랑. 가격대가 좀 있지만, 흑대구 요리와 게살 샐러드, 다양한 파스타 요리에 화이트 와인을 곁들이고, 창밖의 바다 풍경을 바라보고 가만히 바라보고 있으면 우수아이아의 낭만을 가득 느낄 수 있다.

주소 Gdor. Deloqui 1048, Ushuaia, Tierra del Fuego
위치 세상의 끝 박물관에서 도보 15분
운영 월~토 12:00~15:00, 20:00~23:00, 매주 일요일 휴무
전화 +54 2901 42 1185
홈피 www.marialolaresto.com.ar

빠리야 라 에스탄시아
Parrilla La Estancia

유리창 너머로 아사도를 굽고 있는 화로가 인상적인 식당. 이곳 세상의 끝에서도 아사도의 맛은 변함이 없다. 해산물 요리가 지겹다면 다시 한번 아사도를 즐겨 보자.

주소 Pedro Godoy 155
위치 세상의 끝 박물관에서 도보 15분
운영 12:00~15:00, 19:30~23:00
전화 +54 2901 43 1421

도란 도란 Doran Doran

세상의 끝 우수아이아에서 따끈한 한식 한 끼 생각해 보지 않은 사람은 없을 것이다. 덮밥, 김밥, 라면, 떡볶이 등 분식 메뉴를 내세우며 갓 오픈한 도란 도란에서는 사장님의 정과 함께 그리운 고향의 맛을 느낄 수 있다.

주소 Gobernador Paz 937
위치 세상의 끝 박물관에서 도보 15분
운영 화~금 12:00~15:00, 토·일 18:30~23:30,
       매주 월요일 휴무
전화 +54 9 2901 51 7771

밤부 Restaurante Bamboo

다양한 중식 요리를 맛볼 수 있는 중식 뷔페다. 맛있고 푸짐하고 가격도 저렴하다. 여행에 지친 한국인의 입맛에도 잘 어울린다. 미리 주문한다면 옆 항구에서 공수해 오는 킹크랩을 먹을 수도 있지만 가격이 굉장히 비싸다.

주소 San Martín 98
위치 세상의 끝 박물관에서 도보 3분
운영 12:00~23:00
전화 +54 2901 43 1306

라모스 헤네랄레스 엘 알마센
Ramos Generales El Almacén

1906년도에 오픈한 우수아이아를 대표하는 카페 겸 식당이다. 내부 분위기는 오래된 골동품을 파는 잡화상 같은데 실제로는 박물관으로 개방하고 있다. 직접 만드는 빵이 아주 맛있으며, 하얀 펭귄 도자기에 담아 주는 생맥주는 여행의 피로를 말끔히 풀기에 안성맞춤이다. 한국 여행 프로그램에도 단골 출연했을 정도로 알려진 맛집 중의 맛집.

주소 Av. Maipú 749
위치 세상의 끝 박물관에서 도보 15분
운영 09:00 ~ 23:30
전화 +54 2901 42 4317
홈피 www.ramosgeneralesush.com.ar

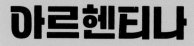

아르헨티나
Argentina

남미 대륙 남부에 위치한 나라로, 동쪽으로는 광활한 대서양과 맞닿아 있고, 서쪽으로는 안데스 산맥이 칠레와 국경을 이루고 있다. 북쪽으로 파라과이와 볼리비아, 북동쪽으로는 브라질과 우루과이, 서쪽과 남쪽으로는 칠레가 위치해 있고, 국토 면적이 세계에서 8번째로 넓은 국가다. 북쪽의 열대 우림부터 남쪽의 파타고니아까지 다양한 지형과 풍부한 문화유산을 자랑한다.

주요 산업은 농업, 축산업, 그리고 광업이다. 농산물은 전 세계로 수출되며, 특히 소고기는 세계적으로 유명하다. 또한 금, 은, 구리와 같은 풍부한 자원이 경제에 중요한 역할을 한다. 아르헨티나의 수도인 부에노스아이레스는 탱고의 본고장인 만큼 문화와 예술의 중심지로, 다양한 박물관, 극장, 그리고 역사적인 건축물들이 자리 잡고 있다. 또한, 와인 애호가들에게는 천국과도 같은 곳! 와인과 함께 현지 요리인 아사도(아르헨티나식 바비큐)는 아르헨티나를 방문할 때 꼭 먹어봐야 하는 음식이다. 국민 간식 엠파나다도 잊지 말고 맛보도록 하자. 풍부한 역사와 문화, 그리고 대자연을 통해 도시마다 가지각색의 매력을 느낄 수 있다.

All about Argentina

1. 국가 프로필

✖ 국가 기초 정보

국가명 아르헨티나 공화국(Republica de Argentina)
수도 부에노스아이레스(Buenos Aires)
면적 약 2,780,400㎢(남한의 약 28배)
인구 약 4,605만 명
정치 대통령제
인종 유럽계 백인, 메스티소, 원주민 등
종교 로마 가톨릭, 개신교, 유대교 등
공용어 스페인어
통화 아르헨티나 페소 Argentina Peso(AR$, AR$1 ≒ 1,417원)

✖ 국기

아르헨티나의 국기는 세로로 배열된 세 개의 줄무늬로 구성되어 있다. 위쪽과 아래쪽 줄무늬는 하늘색이고, 가운데 줄무늬는 하얀색이다. 하얀색은 평화를, 하늘색은 하늘과 대지를 의미한다. 가운데에는 32줄기의 햇살을 가진 황금 태양이 그려져 있는데 이 태양은 '5월의 태양'으로 불리며 아르헨티나의 5월 혁명을 상징한다.

✖ 국가 문장

국장 중앙에는 아르헨티나 국기의 색을 나타내는 하늘색과 흰색 타원이 그려져 있다. 타원 안에는 나무로 된 창을 화합과 연대를 상징하는 두 손이 함께 잡고 있다. 그 창끝에는 아르헨티나의 표어인 '통일과 자유'를 의미하는 빨간색 모자가 올려져 있다. 국장의 양쪽은 승리와 영광을 상징하는 월계수 가지로 이루어진 화환으로 둘러싸여 있다.

✖ 공휴일

1월 1일	신년Año Nuevo
4월 20일	부활절
5월 1일	노동절Día del Trabajo
5월 25일	혁명기념일
6월 20일	국가의 날
7월 9일	독립기념일
8월 17일	산 마르틴 장군 서거일
8월 30일	산타 로사 데 리마 축일
10월 12일	인종의 날
11월 1일	만성절
12월 8일	성모 마리아 대축일
12월 25일	크리스마스Navidad

*2024년 기준, 해마다 달라질 수 있음.

2. 현지 오리엔테이션

✖ 여행 기초 정보

국가 번호 54
비자 대한민국 여권 소지자는 90일간 무비자 체류 가능
시차 한국보다 12시간 느리다.
전기 220V, 50Hz

✖ 추천 웹 사이트

아르헨티나 관광청 argentina.gob.ar/interior/turismo
주 아르헨티나 대한민국 대사관 overseas.mofa.go.kr/ar-ko/index.do

✖ 긴급 연락처

경찰 101
화재 100
구급 앰뷸런스 107

한국 대사관
주소 Av. del Libertador 2395, Cdad. Autónoma de Buenos Aires 1425
운영 월~금 09:00~12:00, 14:00~17:30 (토, 일요일 휴무)
전화 +54 1 14802 8062

✖ 치안

아르헨티나는 남미의 여러 나라 중에서 칠레와 더불어 비교적 치안이 좋은 나라에 속한다. 부에노스아이레스의 센트로 부근에서는 심야에도 식당과 상점이 영업하고 거리에는 많은 현지 주민과 여행객이 다니고 있어 한국과 별반 다르게 느껴지지 않는다. 그러나 수년간의 불경기를 반영하듯 치안이 악화되고 있는 것 또한 사실이다. 특히 라 보카 지구, 산 텔모, 팔레르모 등의 외곽 지역은 치안이 좋지 않으므로 저녁에는 가급적 다니지 않도록 한다. 관광객이 붐비는 산 마르틴 광장, 5월 광장, 플로리다 거리 등에서는 소매치기가 많으니 항상 소지품에 유의하고, 바깥에서 큰 액수의 지폐를 꺼내 보이는 것은 금물이다. 택시를 이용할 때는 지불한 지폐를 마술처럼 소액의 지폐로 바꿔치기 하고는 부족하다고 하는 범죄가 있으니 정확하게 지폐를 확인해 요금을 건네도록 하자.

✖ 여행 시기와 기후

아르헨티나의 기후는 광대한 면적과 고도의 큰 차이로 인해 다양한 기후 유형이 나타난다. 아르헨티나 대부분 지역에서 여름은 가장 습한 계절이지만 파타고니아의 대부분은 가장 건조한 계절이다. 북쪽은 따뜻하고 중부는 시원하며 남쪽은 춥고 서리와 눈이 자주 내린다. 나라의 남쪽 지역은 주변 해양에 의해 완화되기 때문에 북반구의 비슷한 위도에 있는 지역보다 추위가 덜 강하고 오래간다. 봄과 가을은 일반적으로 온화한 날씨가 특징이다.

✖ 여행하기 좋은 시기

아르헨티나는 일 년 내내 방문하기 좋은 여행지이지만 목적에 따라 이상적인 시기가 달라진다. 12월에서 2월은 파타고니아를 방문하기 가장 적합한 시기이며 부에노스아이레스를 방문하고 싶다면 봄과 초여름에 해당하는 9월에서 12월 사이를 추천한다. 아르헨티나는 북반구와 계절이 반대이므로 이 점에 유의하자.

가장 우아한 아르헨티나 일정

1 Day 부에노스아이레스 IN
- 우수아이아–
  부에노스아이레스
  항공 이동
- 부에노스아이레스 호텔
  체크인

2 Day 부에노스아이레스 투어
- 부에노스아이레스 시티 투어
- 탱고 디너 쇼
- 부에노스아이레스 호텔 연박

3 Day 부에노스아이레스 OUT
- 부에노스아이레스–
  푸에르토 이과수 항공 이동

※파타고니아 지역에서 대자연의 아름다움을 실컷
느꼈다면, 이제 낭만의 도시 부에노스아이레스에
흠뻑 빠져보자. 우아한 여행의 정수를 맛볼 수 있는
부에노스아이레스에서는 시티 투어와 함께, 탱고
쇼와 와인 한 잔, 문화예술 투어까지 즐길 수 있다.

페루

브라질

볼리비아

칠레

아르헨티나

이과수

부에노스아이레스

우수아이아

부에노스아이레스 Buenos Aires

'남미의 파리', '남미의 유럽'이라고 불리는 부에노스아이레스. 브라질의 상파울루에 이어 두 번째로 큰 도시이다. 이곳 거대 초원에 유럽에서 떠나온 이민자들이 아름다운 도시를 쌓아 올렸다. 이제는 아르헨티나의 정치, 경제, 문화의 중심지로서 남미에서는 절대 빠질 수 없는 곳이 되었다. 고향을 등지고 이곳까지 흘러와 억척스럽게 삶을 일구던 가난한 노동자가 존재했던 부에노스아이레스. 탱고를 추며 타향의 설움과 노동의 피로를 녹여냈던 거리에서 부에노스아이레스와 사랑에 빠져보자.

부에노스아이레스 들어가기

✈ 항공

우수아이아에서 부에노스아이레스로

국내선 이동이므로 2시간 전에 도착하는 것이 기본이지만 우수아이아 공항은 작고 항상 줄이 길다. 한참 기다려야 하는 상황에 불안할 수 있으므로 조금 더 서두르는 것이 좋다. 아르헨티나 항공을 이용하게 되면 역시나 위탁 수화물 무게는 15kg이다. 부에노스아이레스까지 직항으로 약 3시간 30분 정도가 소요된다.

아르헨티나의 수도 부에노스아이레스에는 두 개의 주요 공항이 있다. 대부분의 국제선이 운항하는 에세이사 국제공항Ministro Pistarini International Airport과 호르헤 뉴베리 공항Aeroparque Jorge Newbery 공항이다. 에세이사 국제공항의 공항 코드명은 EZE. 부에노스아이레스 센트로에서 약 47km 떨어진 곳에 있다. 호르헤 뉴베리 공항의 공항 코드명은 AEP. 국내선과 우루과이와의 일부 국제선이 출도착하는 현지에서는 간단하게 '아에로 파르케'라고 부른다. 라 플라타 강가 팔레르모 지구에 있는 공항은 시내 중심부에서 4km의 거리에 위치해 있으며 차량으로 15분 정도 걸릴 정도로 가깝다.

> **Tip** | 부에노스아이레스에서 꼭 해야 할 일!
>
> 1. 우아하게 차려입고 탱고 쇼 감상하기
> 2. 레콜레타 묘지 탐방하기
> 3. 라 보카 지구 산책하기
> 4. 아르헨티나 전통 소고기 맛보기

> **Tip** | 공항 코드, 잊지마세요!
>
> 아르헨티나 역시 항공편 변경이 잦으므로 계속해서 항공 조회를 해봐야 한다. 가끔 공항이 달라지기도 하므로 두 공항의 코드명을 잘 기억해 두도록 하자. 이제 쌀쌀함을 느낄 수 있는 지역은 전부 벗어나게 된다. 핫팩이나 방한용품들은 우수아이아에서 선물하거나 두고 오는 것도 좋다. 고이 아껴서 챙겨두던 핫팩을 우수아이아 공항 보안검색대에서 죄다 뺏겨버리는 상황도 생겨버리니, 아깝다는 생각은 세상의 끝에 두고 오자!

✖ 역사

부에노스아이레스는 1536년 스페인 정복자 페드로 데 멘도사가 설립했
으나, 1541년 과라니족의 습격으로 파괴되었다. 1580년 후안 데 가라이
가 도시를 재건했고, 1810년 5월 25일 스페인으로부터 독립을 선언한
5월 혁명으로 아르헨티나 독립운동의 중심지가 되었다. 19세기 말부터
20세기 초까지 유럽 이민자들이 대거 유입되면서 도시가 급속히 확장되
었으며, 경제와 문화의 중심지로 자리 잡았다. 20세기 중반, 후안 페론 정
권과 이후의 정치적 변혁을 거치면서 현대적인 대도시로 발전했다.

✖ 지형

부에노스아이레스는 라플라타 강의 서쪽에 위치하며, 대부분 평탄한 지
형으로 이루어져 있다. 강변을 따라 주요 항구가 발달했으며, 도시 내에는
여러 공원과 녹지가 조성되어 있다. 특히 팔레르모 공원과 레티로 공원은
시민들의 휴식처로 유명하다. 도시는 강과 인접해 있어 습기가 많으며, 여
름에는 고온다습한 날씨가 이어진다. 또한 강수량도 비교적 많기 때문에,
강 인근 저지대는 홍수의 위험이 높아 배수 시스템과 방재 인프라가 중요
한 요소로 작용한다.

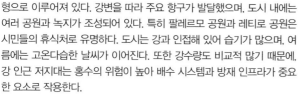

✳ 날씨

부에노스아이레스는 온대 기후로, 여름(12~2월)에는 덥고 습하며, 겨울 (6~8월)에는 온화하고 비교적 습한 날씨를 보인다. 여름철 평균 최고 기온은 약 30℃, 최저 기온은 약 20℃다. 겨울철에는 평균 최고 기온이 약 15℃, 최저 기온이 약 8℃로 떨어진다. 연간 강수량은 약 1,200mm이며, 주로 봄과 여름에 집중된다.

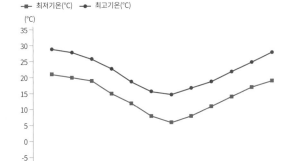

✳ 교통

부에노스아이레스의 교통 시스템은 지하철, 버스, 택시 등으로 구성되어 있다. 지하철Subte은 6개의 노선과 90개 이상의 역으로 이루어져 있으며, 주요 관광지와 비즈니스 구역을 연결한다. 버스는 광범위한 노선망을 자랑하며, 24시간 운영된다. 택시는 시내 곳곳에서 쉽게 이용할 수 있으며, 미터제로 요금이 부과된다. 교통카드인 SUBE 카드를 사용하면 지하철과 버스를 통합해 이용할 수 있다. 공항 교통은 미니스트로 피스타리니 국제 공항을 통해 이루어지며, 시내와 공항 간에는 버스와 택시, 셔틀 서비스가 운영된다.

---

more & more **후안 페론** Juan Domingo Peron

부에노스아이레스의 역사에서 절대 빼놓을 수 없는 인물, 후안 페론과 그의 아내 에바 페론이다. 아르헨티나 군인 출신인 그는 1943년 군사 쿠데타에 가담했고, 1946년부터 1955년, 그리고 1973년부터 1974년까지 아르헨티나의 대통령으로 재임하면서, 페론주의라 불리는 노동자와 빈민층을 위한 사회 정책을 펼치며 대중들의 지지와 사랑을 받았다. 그의 아내 에바 페론, 일명 에비타 역시 영부인으로서 정치에 적극 가담하며 국민적 아이콘이 되었다. 후안 페론은 실제로 세 번 결혼했는데, 첫 번째 부인과 두 번째 부인인 에바 페론 모두 자궁암으로 사망했다. 그의 세 번째 부인인 이사벨 페론은 후안 페론의 사망 이후, 아르헨티나 최초의 여성 대통령으로 당선되었다.

부에노스아이레스
팔레르모+레콜레타

N

팔레르모

레콜레타

호르헤 뉴베리 공원
Parque Jorge
Newbery

2월 3일 공원
Parque Tres
de Febrero

일본 공원
Jardín Japones

시립 동물원
Zoologico de la Ciudad
de Buenos Aires

에비타 박물관
Museo Evita

카를로스 타이스 식물원
Jardin Botanico Carlos Thays

이탈리아 광장
Plaza Italia

Plaza Italia Ⓜ

Scalabrini Ortiz Ⓜ

Avenida General Las Heras

Av del Libertador

Presidente Arturo Illia

Cabello

라스 헤라스 공원
Parque Las Heras

Antonio Berutti

Av. Santa Fe

Bulnes Ⓜ

Agüero Ⓜ

부에노스아이레스
라틴아메리카 미술관
Museo de Arte Latinoamericano
de Buenos Aires

칠레 광장
Plaza Republica
de Chile

우루과이 광장
Plaza Republica
Oriental del Uruguay

에비타 광장
Plaza Evita

아르헨티나
국립 도서관
Biblioteca Nacional
Mariano Moreno

부에노스아이레스
대학 법학부

국립 미술관
Museo Nacional
de Bellas Artes

카를로스 타이스 공원
Plaza Carlos Thays

성모 필라르 성당
Basílica Menor de
Nuestra Senora de Pilar

레콜레타 공동묘지
Cementerios
de la Recoleta

레콜레타 몰
Recoleta Mall Ⓢ

Las Heras Ⓜ

French

Arenales

레콜레타 카페
밀집지역

레콜레타

Santa Fe Ⓜ

Pueyrredón Ⓜ

Córdoba Ⓜ

로페스 플라네스 광장
Plaza V. López y Planes

로드리게스 페냐 광장
Plaza Rodríguez Peña

Libertad

Posadas

Estación Retiro
레티로역

기념비
Torre Monumental

General San Martin Ⓜ

파 송송
Fa Song Song

미스터 호
Mr. Ho Ⓑ

엘 아테네오 서점
El Ateneo

콜리세움 극장
Coliseum Teatro

Callao Ⓜ

Facultad de
Medicina Ⓜ

Ⓜ Moreno

Av. Belgrano

Calle Defensa
메르카도 산 텔모역
메르카도 산 텔모역

Ⓜ Belgrano

엘 산혼 데
그라나도스
El Zanjon de
Granados

Av. Independencia

Ⓜ

Independencia Ⓜ Ⓜ Independencia

산 텔모

메르카도 산 텔모
Ⓢ Mercado San Telmo

Av. 9 de Julio

Humberto Primero

도레고 광장
Plaza Coronel
Dorrego

Ⓜ San Juan

Autopista la Plata-Buenos Aires

Av. Ingeniero Huergo

Av. Elvira Rawson de Dellepiane

Av. Juan de Garay

레사마 공원
Parque Lezama

Ⓜ Constitución Ⓑ

국립 역사 박물관
Museo Historico Nacional

Ⓑ

✚

Av. Almirante Brown

Av. Martin García

Ⓑ

라 보카

솔리스 광장
(20m)

Wenceslao Villafañe

Av. Regimiento de Patricios

보카 주니어스 경기장
Estadio Alberto J Armando
(La Bombonera)

교회
Parroquia de San
Juan Evaugelista

Brandsen

카미니토
Caminito

세라 박물관
Museo Historico de
Cera d La Boca

Suárez

N

푼다시온 프로아
Fundacion Proa

베니토 킨케라
마르틴 미술관
Museo de Bellas
Artes de la Benito
Quinquela Martin

부에노스아이레스
산 텔모+라 보카

Olavarria

Lamadrid

★ 부에노스아이레스의 어트랙션

부에노스아이레스는 남미에서 가장 활기찬 도시 중 하나로, 독특한 문화와 역사, 그리고 예술이 조화롭게 어우러진 매력적인 관광지이다. 과거와 현대가 공존하는 다채로운 풍경을 제공하며, 방문객들은 거리 곳곳에서 유럽풍 건축물과 화려한 예술적 표현을 발견할 수 있다.

★★★
5월 광장 Plaza de Mayo

1536년 페드로 데 멘도사Pedro de Mendoza가 건설한 부에노스아이레스는 1541년 과라니족의 습격으로 폐허가 되었다. 이를 스페인인 후안 데 가라이Juan de Garay가 재건했고, 5월 광장을 중심으로 한 거리가 조성된다. 1810년 5월 25일 스페인으로부터 독립을 선언한 5월 혁명 이후 지금의 이름으로 불리게 되었으며, 대통령 취임식, 집회 및 시위, 월드컵 축구 우승 기념식 등 국가의 역사와 함께하며 수많은 사람이 모이는 장소가 되었다. 광장의 중심에는 5월 혁명을 기념하는 5월의 탑Piramise de Mayo이 서 있다.

주소 Av. Ricadavia y 25 de Mayo

★★★
대통령 궁 La Casa de Gobierno

대통령 궁, 일명 '카사 로사다Casa Rosada'는 '분홍색 집'이라는 뜻을 가진 아르헨티나 대통령의 집무실이다. 원래는 침략군으로부터 영토를 지키기 위한 요새로, 1873~1894년에 걸쳐 건설된 스페인 로코코 양식으로 건설되었다. 건설 착수 당시의 대통령 사르미엔토가 붉은색의 자유당과 하얀색을 표빙하는 연합당의 단합을 위해 분홍색으로 건물을 칠했다. 페론 대통령 정권 당시에는 에바 페론과 나란히 선 후안 페론의 연설을 듣기 위해 10만 명이 넘는 사람들이 이곳에 모였다고 한다.

주소 Balcarce 50

대성당 Metropolitan Cathedral ★★★

1827년에 완성된 네오클래식(신고전주의) 양식의 대성당으로, 5월 광장 근처에 자리하고 있다. 12인의 사도를 상징하는 12개의 기둥을, 5월 광장 쪽에서 바라본 후 내부로 들어간다. 언뜻 보면 성당이라기보다는 박물관 건물처럼 생겼다. 성당 내부 정면 오른쪽에서 빨갛게 타오르는 불꽃은 완성 당시부터 꺼지지 않고 계속 타오르고 있으며 남미 해방의 아버지 호세 데 산 마르틴 장군의 관이 안치되어 있다. 관이 있는 방 입구에 서 있는 호위병의 군복은 산 마르틴 장군이 이끌던 독립군복의 디자인을 복원한 것이라고 한다.

주소 Av. Rivadavia y San Martin, Plaza de Mayo

레콜레타 공동묘지 Cementerios de la Recoleta ★★★

1882년에 개설된 부에노스아이레스에서 가장 유서 깊은 묘지다. 예술적이고 전통적인 장식, 수준 높은 조각으로 꾸며져 있어 묘지라는 생각이 들지 않을 정도이다. 어마어마한 금액을 지불해야만 부지를 얻을 수 있고, 관리, 유지비 또한 많이 든다고 한다. 하지만 형편이 안 좋아져 묘지의 관리가 버거워진 후손들이 쉽게 부지를 판매할 수도 없다. 국가 문화재로 지정되어 판매가 자유롭지 않아졌기 때문이다. 그러한 이유로 멋지게 잘 관리된 묘들 사이에 관리되지 못해 방치된 묘들 또한 쉽게 발견할 수 있다. 70개의 묘가 국가 문화재로 지정되었으며 역대 대통령 13명의 묘를 비롯한 유명인의 묘가 많다. 특히 '에비타'로 알려진 페론 전 대통령의 영부인 에바 페론의 묘도 이곳에 있다. 에비타의 납골당에는 일 년 내내 꽃이 끊이지 않는다.

주소 Junin 1790 & Quintana

📷 ★★★
엘 아테네오 서점 El Ateneo

아르헨티나에는 700여 개의 서점이 있다. 수도인 부에노스아이레스는 주민 10만 명당 25개의 서점이 있어, 전 세계에서 인구당 가장 많은 서점을 가진 도시로 선정되었다. 이 중심에 서점 엘 아테네오가 있다. 세계에서 가장 아름다운 서점으로도 손꼽히는 이 서점은 원래 오페라 극장이었으나, 1929년에는 영화관이 되었다가 2002년부터는 서점으로 변신했다. 거대한 오페라 극장을 개조한 엘 아테네오의 2, 3층 박스 객석은 책으로 가득 채워져 있고, 1층의 극장은 카페로 운영되고 있다. 특히 천장의 벽화는 건물 자체를 거대한 예술 작품으로 승화시키는 데 한몫한다. 영사기와 필름을 들고 있는 천사를 찾아보자. 하루 방문객이 3천 명에 달하고 전시 서적만 해도 약 12만 권에 이르는 엘 아테네오는 그야말로 건축과 음악 그리고 문학을 한곳에 모은 아르헨티나 문화의 핵심이다.

주소 Toscanini 1180

★★★

갈레리아스 파시피코 백화점 Galerías Pacífico

부에노스아이레스의 중심부에 위치한 백화점. 건축된 지 100년이 넘은 역사적 웅장함과 함께 화려하고 아름다운 유명 예술가들의 그림으로 그려진 돔과 장식들이 눈을 사로잡는다. 세계적인 명품을 판매하는 고급 상점들이 자리 잡고 있다. 훌륭한 아르헨티나의 와인을 한 병 정도 골라가는 것도 좋다. 하지만 아르헨티나 항공의 15kg 수화물 규정을 잊지는 말자.

주소 Av. Córdoba 550, C1054 Cdad. Autónoma de Buenos Aires

★★★

마데로 항구 유람선 Puerto Madero

부에노스아이레스의 재개발 지역으로 예전에는 항구로 사용되었던 곳이다. 지금은 현대적인 건축물과 고급 레스토랑, 공원을 오가는 사람들로 가득 차 있으며 산책과 식사, 느긋한 휴식을 즐길 수도 있다. 마데로 항구에서 유람선을 타고 부에노스아이레스의 아름다운 강변을 감상하는 것도 좋다. 탱고를 형상화한 모양의 여인의 다리(Puente de la Mujer)도 볼 수 있다.

위치 마데로Madero 항구

★★★
카미니토 Caminito & 라 보카 La Boca

항구 근처의 라 보카 지구, 이곳 카미니토는 길가에 늘어선 집들의 벽과 테라스, 지붕을 원색으로 대담하게 칠해 독특한 분위기를 보여준다. 이 아이디어는 라 보카 태생의 화가 베니토 킨케라 마르틴Benito Quinquela Martín의 것이다. 그는 어린 시절부터 라 보카를 사랑해 항구와 그곳에서 일하는 사람들을 거칠면서도 부드러운 터치로 캔버스에 옮겼으며, 그 재능과 감성을 인정받아 세계적으로 유명한 화가가 되었다. 고향을 사랑한 킨케라 마르틴은 자신의 그림이 고가에 팔리게 되자 그 돈으로 고향인 라 보카에 병원과 초등학교, 유치원, 미술관 등을 세웠다. 킨케라 마르틴의 친구이자 수많은 탱고 명곡을 세상에 남긴 라 보카 태생의 탱고 명인, 후안 데 디오스 필리베르토Juan de Dios Filiberto는 자신의 작품인 〈카미니토〉를 불멸의 명곡으로 만들기 위해 철도용 땅을 받아 폭 7m, 길이 100m 정도의 조그마한 공원을 조성하였다.

위치 라 보카La Boca 지구

★★★
📷 콜론 극장 Teatro Colon

이탈리아 밀라노의 스칼라 극장에 이어 세계에서 두 번째로 크며, 프랑스 파리의 국립 오페라 극장과 함께 세계 3대 극장으로 손꼽히는 유서 깊은 극장이다. 1890년부터 3명의 건축가가 참여해 1908년에 공사가 끝났고, 그해 5월 25일에 신축 기념 공연을 했다. 노후화된 극장 건물은 2006년에 보수 공사를 시작해 극장 오픈 100주년인 2008년에 완공 예정이었지만 공사가 지연되면서 2010년 5월 25일 독립기념일에 맞춰 재개관했다. 콜론 극장이 서 있는 위치는 아르헨티나 최초의 철도역이 있던 자리로 1857년에 기관차 La Porte호가 이곳에서 출발했다. 극장 안을 견학할 수 있는 투어도 진행되며 티켓은 정면 왼쪽 창구에서 살 수 있다. 한 번에 견학할 수 있는 인원이 정해져 있으므로 미리 예약을 해야 한다.

주소 Toscanini 1180

★★★
📷 국립 미술관 Museo Nacional de Bellas Artes

아르헨티나 작가에게 이곳에서 작품을 전시하는 것만큼 명예로운 것이 있을까? 빨간색의 멋진 건물로 들어가면 9,750㎡나 되는 관내에는 아르헨티나 국내 작가뿐 아니라 모네, 고갱, 고흐, 모딜리아니 등 유명 화가의 작품도 다수 전시되고 있다. 전시 상태와 컬렉션이 훌륭해 미술에 큰 관심이 없더라도 방문하기에 좋다.

주소 Av. Libertador 1473

★★★
말바 미술관(부에노스아이레스 라틴아메리카 미술관)
Museo de Arte Latinoamericano de Buenos Aires, MALBA

유리 벽면 안쪽으로 널찍한 박물관이 빛을 발하고 있다. 후원자인 재벌 에두아르도 코스탄티니가 설립했고, 그의 훌륭한 소장품을 전시한다. 현대 라틴 아메리카 예술을 주제로 하며, 아르헨티나 화가 술 솔라르, 안토니오 베르니, 멕시코 화가 프리다 칼로와 디에고 리베라의 작품도 감상할 수 있다. 2001년에 개관했으며, 다양한 현대 미술품 전시와 문화 행사가 열린다.

주소 Av. Pres. Figueroa Alcorta 3415

★★★
카페 토르토니 Cafe Tortoni

1858년 프랑스에서 온 이민자가 문을 연 부에노스아이레스에서 가장 오래된 카페. 커다란 나무문을 열고 안에 발을 들여놓으면 타임머신을 타고 과거로 여행을 떠난 기분이 든다. 20세기에 들어서면서 특히 부에노스아이레스의 유명 인사들의 발걸음이 잦아졌다. 아르헨티나의 시인 알폰시나 스토르니, 라 보카 지구의 카미니토를 장식한 그림으로 유명한 예술가 베니토 킨케라 마르틴 등은 이곳의 떡갈나무와 대리석으로 된 테이블을 사랑했다고 한다. 탱고 가수인 카를로스 가르델 또한 단골 중 한 명으로 카페 한구석에 그의 흉상과 그림이 있을 정도다. 지난 세월의 추억이 오롯이 녹아 있는 이곳에는 현지인보다 많은 관광객이 찾아오고 있다.

주소 Av. de Mayo 825
운영 08:00~22:00

부에노스아이레스 시티 투어

낭만의 도시, 부에노스아이레스의 매력을 흠뻑 느낄 수 있는 시티 투어를 떠나보자. 5월 광장이 있는 센트로에서 시작해 레콜레타 공동묘지를 둘러보고, 엘 아테네오 서점과 갈레리아스 파시피코 백화점에 방문하는 것도 잊지 말자. 그리하여 라 보카 지구에 이르는 길. 어느샌가 이 도시에 푹 빠져 있는 자신을 보게 될 것이다.

❶ 5월 광장, 대통령 궁, 대성당
아르헨티나의 정치와 역사를 담은 중심지로, 대표적인 건축물들이 위치한 곳이다.

❷ 레콜레타 공동묘지
유명 인사들의 묘가 위치한 역사적인 장소로, 고풍스러운 묘비들이 늘어져 있다.

❸ 엘 아테네오 서점
오래된 극장을 개조한 독특한 서점으로, 아름다운 내부가 특징이다. 서점을 배경으로 멋진 사진을 남겨보자.

❹ 갈레리아스 파시피코 백화점
고급 브랜드가 모인 100년의 역사를 지닌 백화점으로, 예술적인 천장이 돋보이는 쇼핑 명소이다.

❺ 라 보카 지구
다채로운 색채의 건물이 늘어선 예술가들의 마을로, 활기찬 거리 예술을 감상할 수 있다.

❻ 마데로 항구 유람선
부에노스아이레스 항구에서 유람선을 타고 도시 경관을 한눈에 담아보자.

★ 부에노스아이레스의 레스토랑

다양한 문화가 아름다운 도시답게 미식의 도시로도 유명한 부에노스아이레스. 한식부터 아르헨티나 전통 요리, 이탈리아 요리까지 다양한 음식을 맛볼 수 있다. 인구수보다 소의 숫자가 더 많다는 이곳에서는, 아무래도 질 좋고 값싼 소고기를 실컷 먹고 가는 것이 아쉬움이 남기지 않을 것이다.

미스터 호 Mr. Ho

한식의 현지화가 잘된 식당으로 아르헨티나 사람들과 한국 사람들 모두가 즐겨 찾는 곳이다. 찌개와 볶음류가 인기 메뉴다. 음식이 광장히 푸짐하게 나오니 주문에 참고하자.

주소 Paraguay 884
위치 콜론 극장에서 도보 10분
운영 화~토 12:00~15:00,
      18:00~22:00,
      매주 일·월요일 휴무
      (예약만 가능)
전화 +54 11 6560 1004

파 송송 Fa Song Song

재료를 아끼지 않고 듬뿍 넣어주는 제육볶음과 맛있는 김치로 유명한 집이다. 지구 반대편에서 맛 좋은 소고기에 물려갈 때쯤, 한국의 맛이 그립다면 찾아가 보자.

주소 Esmeralda 993
위치 콜론 극장에서 도보 10분
운영 월~토 12:00~15:30, 18:30~22:30, 매주 일요일 휴무
전화 +54 11 3903 0097

라 파롤라씨아 La Parolaccia

신선한 재료와 함께 이탈리아 요리를 전문으로 하는 레스토랑이다. 다양한 파스타가 주력 메뉴로 많은 사람이 찾고 있다. 전채 요리, 메인 메뉴, 디저트와 음료까지 포함된 코스 메뉴를 이용하는 것을 추천한다.

주소 Alicia Moreau de Justo 1052
위치 5월 광장에서 도보 10분
운영 12:00~23:00
전화 +54 11 5302 7593
홈피 www.laparolaccia.com

엘 그란 파라이소 El Gran Paraiso

카미니토 거리에서 아주 가깝고 예쁜 아르헨티나 식당이다. 간판과 건물 외벽, 실내와 야외 테이블까지 알록달록 눈길을 사로잡는다. 아사도와 스테이크가 그릴에서 맛있게 구워지며 좋은 분위기와 서비스까지 즐길 수 있는 아주 사랑스러운 장소이다.

주소 Gral. José Garibaldi 1428
위치 라 보카 지구 카미니토 거리에서
      도보 2분
운영 11:00~18:00
전화 +54 11 4361 3268
홈피 granparaiso.com.ar

라 에스탄시아 La Estancia

역사와 전통을 자랑하는 아사도 맛집이다. 한국 TV 프로그램에도 다수 출연하며 유명해졌다. 커다란 화덕에 고기를 통째로 걸어놓고 굽는 모습을 거리에서 창을 통해 볼 수 있다. 어마어마한 식당 규모에 놀라고, 어마어마한 양에 또 한 번 놀라게 되는 식당이다. 벽면에는 각 나라의 국기가 걸려 있는데 대한민국의 국기도 보인다. 혹시 무엇을 먹을지 고민된다면 연세 지긋한 웨이터들이 인원수에 맞는 메뉴를 추천해 주기도 한다. 소, 닭, 돼지, 양고기 등 각종 아사도를 맛볼 수 있다. 인원이 3인 이상이라면 모둠 구이인 파릴야다를 강력 추천! 매운 소스를 달라고 하면 고추 피클을 가져다 준다.

주소 Santa Fe 3954
위치 팔레르모 지구
      이탈리아 광장에서 도보 5분
운영 12:00~01:00
전화 +54 11 4326 0330
홈피 www.laestanciadepalermo.
      com.ar

브라질

Brazil

브라질은 남미 동부에 위치한 나라로, 대서양과 맞닿아 있으며, 아마존 강과 광대한 아마존 열대 우림이 펼쳐져 있다. 남미답게 인종적 다양성이 눈에 띄며 다양한 문화가 혼합된 모습을 쉽게 발견할 수 있다. 많은 사람들이 브라질을 생각할 때 삼바 댄스와 축구를 떠올리는데, 정열이 넘치는 나라로도 알려져 있다. 브라질의 주요 산업은 농업, 광업, 제조업이며, 커피, 사탕수수, 대두 등의 농산물과 철광석, 금 등의 광물 자원이 경제의 중요한 부분을 차지하고 있다. 풍부한 자원을 가지고 있는 브라질의 땅엔 아마존 열대 우림뿐만 아니라 이과수 폭포와 리우데자네이루의 예수상, 빵산 등 다양한 명소가 있다. 그 넓은 대륙에서 나오는 식재료 또한 어디보다 풍부한데, 현지 요리인 페이조아다나 브라질식 바비큐인 슈하스코는 전 세계 어느 나라 사람 입맛에도 잘 맞는다.

All about Brazil

1. 국가 프로필

✱ 국가 기초 정보

국가명 브라질 연방 공화국(Republica Federativa do Brasil)
수도 브라질리아(Brasilia)
면적 약 8,514,877㎢(남한의 약 85배)
인구 약 2억 1,763만
정치 대통령제, 연방공화제
인종 백인, 물라토, 흑인 등
종교 로마 가톨릭, 개신교, 토착 종교
공용어 포르투갈어
통화 헤알 Real(R$, R$1 ≒ 244원)

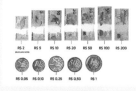

✱ 국기

브라질의 국기는 녹색과 노란색 배경에 청색 원이 그려져 있다. 녹색은
브라질의 풍요와 자연을 상징하며, 노란색은 광산업을 나타낸다. 청색 원
안에는 27개의 별이 있으며, 각 별은 26개의 주와 수도 브라질리아를 나
타내고 있다. 미국의 성조기 다음으로 많은 별이 그려져 있으며 이 별들
은 9개의 별자리로 이루어져 있다. 또한, 중앙의 지구본에는 국가의 모토
인 'ORDEM E PROGRESSO(질서와 진보)'가 흰 띠 위에 녹색 글자로 표
시되어 있다.

✱ 국가 문장

국장은 중앙에 방패 모양을 하고 있으며, 그 안에는 여러 가지 상징적인
요소들이 포함되어 있다. 방패 주위에는 브라질의 주요 농산물인 커피와
담배가 각각 왼쪽과 오른쪽에 배치되어 있으며 방패 위에는 금색의 별이
있는데 이는 브라질 공화국의 탄생과 주권을 나타낸다. 방패 아래 파란
리본에는 'Republica Federativa do Brasil(브라질 연방 공화국)'과 국장
채택 연도인 '15 de Novembro de 1889'가 적혀 있다.

✖ 공휴일

1월 1일	신년Año Nuevo
2월 2일	성모 칸달라리아의 날
2월 9일~ 2월 17일	카니발
4월 20일	부활절
4월 21일	찌라덴찌스 추모일
5월 1일	노동절Día del Trabajo
5월 22일	성체축일
9월 7일	독립기념일
10월 12일	성모 마리아의 날
11월 2일	망자의 날
11월 15일	공화국 선포일
12월 25일	크리스마스Navidad

*2024년 기준, 해마다 달라질 수 있음.

2. 현지 오리엔테이션

✖ 여행 기초 정보

국가 번호 55
비자 대한민국 여권 소지자는 90일간 무비자 체류 가능
시차 한국보다 12시간 느리다.
전기 110V, 220V, 60Hz

✖ 추천 웹 사이트

브라질 관광청 visitbrasil.com/en
주한 브라질 대사관 overseas.mofa.go.kr/br-ko/index.do

✖ 긴급 연락처

경찰 190
화재 193
구급 앰뷸런스 192

한국 대사관
주소 SEN – Av. das Nacoes, Lote 14 Asa Norte, 70800-915, Brasilia-DF, Brasil
운영 월~금 08:30~12:30, 13:30~17:30 (토, 일요일 휴무)
전화 +55 61 3321 2500

✷ 치안

대도시(리우데자네이루, 상파울루 등)에서는 소매치기와 강도 사건이 빈번하게 발생할 수 있다. 특히 관광지, 대중교통 등 붐비는 장소에서는 항상 주의가 필요하며, 길거리에서 휴대전화를 사용하지 않는 것이 좋다. 귀중품은 호텔 금고에 보관하고, 외출 시 최소한의 현금과 필요한 카드만 소지하자. 야간에는 되도록 외출을 자제하는 것이 좋다.

✷ 여행 시기와 기후

브라질은 남반구에 위치해 있어 한국과 완전히 반대의 계절을 경험할 수 있다. 여름인 12~2월은 덥고 습한 날씨가 지속되며, 특히 해안 지역은 이 시기에 많은 관광객이 몰려 붐빈다. 반면 겨울인 6~8월은 비교적 온화하고 건조한 날씨를 보인다. 브라질의 북부는 열대 기후로 일 년 내내 높은 기온을 유지하며, 강수량이 많다. 이 지역에서는 건기와 우기가 번갈아 나타나며, 건기는 주로 6월부터 12월까지 지속된다. 중부와 남부 지역은 아열대 기후로, 여름에는 고온 다습하고 겨울에는 선선한 날씨가 나타난다. 특히 남부 지방에서는 겨울철에 기온이 영하로 떨어지는 경우도 있다.

✷ 여행하기 좋은 시기

브라질 여행을 계획할 때는 목적지와 방문 시기에 따라 다르다. 남부 지역을 여행하는 경우, 여름의 덥고 습한 날씨를 피하기 위해 3월부터 6월, 또는 9월부터 11월 사이가 적합하다. 리우 카니발이 열리는 2월과 3월은 많은 관광객으로 혼잡하지만, 독특한 문화 경험을 할 수 있는 좋은 시기이기도 하다.

가장 우아한 브라질 일정

1 Day 브라질 IN
- 부에노스아이레스–
  푸에르토 이과수
  항공 이동
- 이과수(아르헨티나) 투어
- 아르헨티나–브라질 국경 넘어
  육로 이동
- 이과수 호텔 체크인

2 Day 이과수 투어
- 이과수(브라질) 투어
- 라파인 쇼
- 이과수 호텔 연박

3 Day 리우데자네이루로 이동
- 이과수–리우데자네이루 항공 이동
- 리우데자네이루 호텔 체크인

4 Day 리우데자네이루 투어
- 리우데자네이루 시티 투어
- 리우데자네이루–상파울루 항공 이동

5 Day 경유지로 이동
- 상파울루–경유지 항공 이동

6 Day 인천 도착
- 경유지–인천 항공 이동

페루

브라질

볼리비아

칠레

아르헨티나

리우

이과수

이과수 Cataratas del Iguazú

이과수는 브라질과 아르헨티나의 국경에 걸쳐 있는 세계적인 폭포로 나이아가라 폭포, 빅토리아 폭포와 함께 세계 3대 폭포 중 하나이다. 브라질의 파라나Paraná 주와 아르헨티나 미시오네스Misiones 주에 위치해 있으며 그 규모와 아름다움으로 유네스코 세계유산으로 등재되어 있다. 총 275개의 폭포로 이루어져 있으며, 그중 가장 유명한 것은 '악마의 목구멍Garganta del Diablo'이다. 이과수 국립 공원은 두 나라에 걸쳐 있으며, 각각의 공원이 독특한 매력을 가지고 있다. 아르헨티나 쪽 이과수 국립 공원에서는 폭포를 보다 가까이서 볼 수 있는 다양한 산책로가 마련되어 있고, 브라질 쪽 이과수 국립 공원에서는 보트나 헬기 등으로 폭포의 전경을 감상할 수 있다.

푸에르토 이과수 들어가기

✈ 항공

부에노스아이레스에서 푸에르토 이과수로
국내선 이동이므로 2시간 전에는 도착하도록 하자. 탑승할 공항이 EZE 공항인지 AEP 공항인지 잘 확인해야 한다. 드디어 마지막 아르헨티나 항공 탑승이다. 그 말은 즉 마의 15kg 구간 또한 마지막이라는 것이다. 이과수 폭포를 제대로 보기 위하여 아르헨티나 사이드, 브라질 사이드를 모두 방문하는 것이 좋다. 푸에르토 이과수(아르헨티나) 공항으로 도착하고 브라질로 넘어가기 전에 아르헨티나 사이드 투어를 진행하자. 투어를 마친 후 다시 차량을 타고 국경을 넘어 브라질로 이동한다. 아르헨티나의 푸에르토 이과수 공항 코드명은 IGR, 브라질의 포즈 두 이과수 공항의 코드명은 IGU이다. 지금은 우리가 도착해야 할 IGR를 기억하면 된다. 항공 이동 시간은 약 2시간이다.

Tip | 이과수에서 꼭 해야 할 일!

1. 산책로를 따라 악마의 목구멍 가까이서 감상하기
2. 보트 투어를 통해 이과수 폭포 아래에서 물살을 직접 체험하기
3. 이과수 국립 공원의 다양한 야생 동물 관찰하기
4. 이과수 폭포의 전경을 감상할 수 있는 헬리콥터 투어 즐기기

포즈 두 이과수 들어가기

✈ 버스

푸에르토 이과수에서 포즈 두 이과수로
아르헨티나 이과수 국립 공원 투어를 잘 마쳤다면, 브라질로 이동할 시간이다. 차량으로 이동해 국경 출입국 절차를 진행해야 한다. 개인적으로 아르헨티나 투어를 하거나 국경 이동을 한다면 국립 공원 입장료 준비와 차량 수배, 출입국 심사를 따로 진행해야 하고, 안전에 만전을 기해야 한다. 또한 출입국 TAX(약 400페소)를 미리 환전해 준비해야 한다. 역시 남미 여행에서 가장 스트레스를 받을 수밖에 없는 국경 통과 절차는 신뢰할 수 있는 여행사와 함께하는 것이 안전하고 편리하다. 이과수 국경을 프리 패스로 통과하는 버스가 어느 여행사인지 지켜보자.

Tip | 조조 성취(早朝 成就)

이과수로 이동하는 항공 시간은 대부분이 새벽 시간대로 편성되었다. 이른 새벽에 항공 이동을 하는 것이 힘들 수 있지만 이과수에 일찍 도착하는 만큼 이과수 국립 공원을 한적하게 돌아다닐 수 있다. 낮에는 발 디딜 틈도 없고, 사진을 찍으면 사람밖에 안 나온다. 세계 제일의 명소에 가장 먼저 입장하는 짜릿함과 여유로움을 느낄 수 있다고 생각하면 피곤함이 싹 가실 것이다.

이과수의 기본 정보

※ 역사

포즈 두 이과수는 1914년에 이주민들에 의해 설립되었다. 초기에는 이민자들이 농업과 장작 제조업에 종사했다. 그 후에도 지속적으로 이민자들이 유입되어 도시가 빠르게 성장했다. 이 지역의 주요 경제적 활동은 농업과 관광 산업에 기반하고 있다. 이과수 폭포가 자연적으로 형성된 이후에는 많은 관광객들이 이 지역을 찾아와 도시가 발전하게 되었다.

이과수 폭포는 16세기에 유럽인들이 발견한 이후로, 국제적으로 유명해졌다. 이 지역은 과라니 원주민들이 오랫동안 거주하던 곳이었으며, 유럽인들이 도착한 후에는 새로운 문화 경제적 변화를 겪었다. 특히, 20세기 초반에는 인프라가 발달하면서 포즈 두 이과수는 중요한 교통 및 상업 중심지로 자리 잡게 되었다. 이와 함께 이과수 국립 공원이 설립되어 자연 보호와 관광 산업이 동시에 발전했다.

※ 지형

이과수 폭포와 인접한 지역으로, 지형적으로는 평지와 산악 지대가 혼합되어 있다. 이과수 폭포는 세계에서 가장 큰 폭포 중 하나로, 약 275개의 개별 폭포와 급류로 구성되어 있다. 폭포는 브라질과 아르헨티나 국경을 따라 위치해 있으며, 양국에서 모두 접근 가능하다. 브라질 쪽에서는 주요 전망대를 통해 폭포의 장엄한 광경을 감상할 수 있다. 이와 함께 주변 지역에는 울창한 열대 우림이 펼쳐져 있어 생태 관광의 중심지로도 유명하다.

✳ 날씨

포즈 두 이과수는 열대 기후에 속한다. 여름에는 평균 기온이 30℃를 넘고 강수량은 연중 고르게 분포되어 있으며, 가장 비가 많이 내리는 시기는 봄과 여름이다. 여름에는 무더운 날씨가 지속되며, 종종 폭우가 내린다. 겨울(6~8월)에는 기온이 약간 내려가지만, 여전히 온화한 편이다. 이 기간에는 습도가 낮아 쾌적한 기후를 즐길 수 있다.

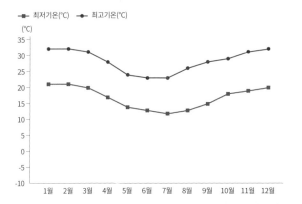

Tip | 이과수 폭포의 물이
붉은 이유는?

우리나라의 폭포를 생각하면 맑고 투명한 물이 떠오르기에 이과수 폭포의 붉은 물을 처음 본다면 조금은 놀랄지도 모른다. 폭포의 물이 붉은 이유는 이과수 지역의 토양이 철분을 많이 포함하고 있기 때문이다. 철분이 많은 땅을 이리저리 굽이쳐 오다 보니 '철 든 물'이 된 결과이다. 우기가 되면 더 많은 양의 토양이 씻겨 내려가면서 물의 색깔이 더욱 붉게 변한다.

✳ 교통

포즈 두 이과수를 찾는 여행객의 목적은 이과수 폭포를 방문하는 것이기 때문에 포즈 두 이과수 시내를 별도로 돌아다니는 일은 거의 없다. 다닌다고 하더라도 시내버스 터미널 주변이 전부이므로 충분히 걸어서 다닐 수 있다.

푸에르토 이과수

공항
(18km)

이과수 폭포
(15km)

Yapeyú

Av. San Lorenzo

El Uru

El Mensu

Av. Guarani

Julio P. Amarante

Belgrano

Mariano Moreno

버스터미널

Av. Córdoba

Bolivia

Bertoni

Uruguay

Av. San Martín

Paraguay

Victoria Aguirre

Aurelia Pennon

Av. San Martín

Perito Moreno

Av. Brasil

Gustavo Eppens

Calle Bonpland

Av. Misiónes

Alvar Núñez

Av. Victoria Aguirre

Ingeniero Calle Luna

Doctora Marta Schwarz

1 de Mayo

Las Guayabas

Ushuaia

Av. Córdoba

Fray Mamerto Esquiú

Fray Luis Beltrán

Fray Mamerto Esquiú

Gobernador Lanuse

P. Allan

Hipólito Yrigoyen

포즈 두 이과수

파라과이
(3km)

카스텔로 리바네스
Castelo Libanês

푸에르토 이과수행
버스정류장

시내버스 터미널

레스토랑 오리엔탈 FOZ
Restaurante Oriental FOZ

R. Máximino Tosi

R. Martins Pena

R. Men de Sá

Av. República Argentina

R. Naipi

R. Taroba

R. Eng. Rebouças

R. Xavier da Silva

R. das Missões

R. Rui Barbosa

Av. Juscelino Kubitscheck

Av. Brasil

R. Alm. Barroso

R. Mal. Floriano

R. Mal. Deodoro

R 4 소렐레
4 Sorelle

레스토랑 포르투 카노아스
Restaurante Porto Canoas

라파인 슈하스카리아 쇼
(4km)

파젠돌라
Fazendola

이과수 국제공항
(18km)

이과수 국립 공원
(22km)

스시 혹카이
Sushi Hokkai

이과수 워킹 투어

275개나 되는 크고 작은 폭포들로 '폭포 백화점'이라 불리는 이과수! 아르헨티나 쪽 국립 공원의 산책로를 걷는 워킹 투어는 브라질 쪽보다 더 많은 폭포를 다양한 경로로 즐길 수 있다. 그리고 가장 유명한 악마의 목구멍으로 접근할 수 있는 곳도 이곳 아르헨티나 사이드다. 쏟아지는 폭포의 장엄함을 다양한 각도에서 볼 수 있는 아르헨티나의 이과수 국립 공원Iguazú National Park은 산책로와 전망대가 잘 갖춰져 있어, 폭포를 가까이서 생생하게 즐길 수 있다. 워킹 투어는 주로 세 가지 주요 루트로 나뉘어 있다. 이과수 국립 공원 입구에서 입장 티켓을 구매한 후, 내부 셔틀버스를 이용해 각 산책로의 시작 지점으로 이동한다. 셔틀버스는 정기적으로 운행되며, 주요 산책로의 출발 지점에서 하차할 수 있다.

1 높은 산책로 Circuito Superior

높은 산책로는 폭포 상부를 따라 걷는 경로로, 약 1.7km에 걸쳐 있다. 이 코스는 비교적 평지이며 걷는 것이 크게 어렵지 않아 남녀노소 모두에게 적합하다.

난이도 낮음, 계단 없음
폭포 접근성 높음
길이 1,700m
소요 시간 약 2시간
전망대 폭포의 상부에서 내려다보는 다양한 전망대를 통해 이과수 폭포의 웅장함을 위에서 감상할 수 있다.
360도 뷰 폭포의 전경을 한눈에 볼 수 있으며, 사진 촬영 포인트다.
가까운 접근 여러 폭포에 가까이 접근할 수 있어 물보라를 느낄 수 있는 장소다.

2 낮은 산책로 Circuito Inferior

낮은 산책로는 약 1.4km 길이로, 이과수 폭포의 여러 주요 장소들을 연결한다. 국립 공원의 중앙역 Central Station 또는 악마의 목구멍Garganta del Diablo 기차역에서 시작할 수 있다. 이 경로는 폭포의 하부를 따라 걷는 코스로, 다양한 폭포를 여러 각도에서 가까이 볼 수 있다. 일부 구간은 계단을 올라야 해서, 약간의 체력이 필요하다.

난이도 중, 계단 있음
폭포 접근성 높음
길이 1,400m
소요 시간 약 1시간 30분

3 악마의 목구멍 Garganta del Diablo

악마의 목구멍은 이과수 폭포에서 가장 임팩트가 강한 곳인 만큼 덱이 자주 무너져 접근이 힘든 곳이다. 이 코스는 약 1.1km의 산책로로, 강을 가로질러 악마의 목구멍 전망대까지 이어진다. 악마의 목구멍은 브라질과 아르헨티나 국경을 따라 위치해 있으며, 두 나라에서 모두 접근 가능하다. 이름의 기원은 폭포가 떨어지는 깊은 협곡과 그로 인한 거대한 물보라, 그리고 귀를 먹먹하게 하는 소리 때문에 이곳을 방문한 사람들이 마치 악마의 목구멍 속으로 빨려 들어가는 듯한 인상을 받았기 때문이다. 악마의 목구멍은 이과수 폭포 중 가장 큰 폭포로, 약 80m 높이에서 떨어지는 물줄기를 자랑한다.

접근 방법 악마의 목구멍에 접근하는 방법은 주로 산책로를 통해 이루어진다. 아르헨티나 쪽에서 방문할 경우, 이과수 국립 공원 내 셔틀 기차를 타고 악마의 목구멍 역까지 이동한 후, 약 1.1km의 산책로를 걸어가게 된다. 산책로는 강 위를 지나가며, 방문객들이 안전하게 폭포 가까이 갈 수 있게 되어 있다.

Tip | 이과수 방문 팁!

마실 물과 간식을 챙기자
이과수를 방문할 때는 충분한 물과 간식을 준비하자. 특히 더운 날씨에 탈수 현상을 예방하기 위해 중요한 사항이다. 현장에서 구매할 수도 있지만, 가격이 비싸고 선택의 폭이 좁을 수 있다. 가벼운 과일, 견과류, 에너지 바 등 휴대하기 좋은 간식을 챙기면 더욱 좋다(다만 야생 동물들에게 간식을 주면 안 되고, 원숭이가 낚아채 갈 수도 있으니 주의해야 한다).

편안한 신발과 옷
트레킹을 하거나 폭포 주변을 걷는 시간이 많으므로, 편안한 신발과 통기성이 좋은 옷을 착용하자. 방수 기능이 있는 신발과 옷을 준비하면 물에 젖는 것을 방지할 수 있다.

방수 장비
폭포 근처는 물보라가 많아 쉽게 젖을 수 있으니, 수영복이나 우비를 준비하자. 중요한 전자 기기나 귀중품은 방수팩에 보관하는 것이 좋다.

---

more & more 하늘에서 즐기는 이과수 폭포의 아름다움!

악마의 목구멍에 접근할 수 있는 다리는 1년에 두 번 있는 우기 때 급류에 떠밀려 무너지기도 한다. 이때는 브라질 이과수 사이드에서 헬기를 타고 악마의 목구멍을 탐험해 보자. 이과수 폭포를 하늘에서 한눈에 담을 수 있다. 비행시간 5~10분 정도로 아주 짧은 투어지만 만족도가 굉장히 높다. 주요 관람 포인트는 악마의 목구멍으로 산책로와 전망대에서는 느낄 수 없었던 새로운 경험을 할 수 있다. 가장 좋은 자리는 조종사 옆 좌석이지만 키와 몸무게를 고려해 직원이 앉을 자리를 지정해 주며 기상 상황에 따라 투어 진행이 불가할 수 있다.

※ 사전 예약은 필수이며, 온라인이나 여행사를 통해 예약할 수 있다. 여권과 예약 확인서가 필요하며 건강 상태에 따라 탑승이 어려울 수 있다. 멀미가 심하거나 어지러움, 고소공포증이 심하다면 투어 참여를 권장하지 않는다.

이과수 보트 투어

이과수 보트 투어는 쏟아져 내리는 폭포를 온몸으로 즐길 수 있는 그야말로 남미 여행 후반부의 하이라이트라고 할 수 있다. 브라질 사이드에서 보트 투어를 하기 위해서는 국립 공원 내의 마꾸꼬 사파리로 들어가야 한다. 탐방로와 전망대를 둘러보고 마꾸꼬 사파리로 이동해 보트 투어를 할 수도 있고, 순서를 바꾸어 진행할 수도 있다. 아르헨티나에서 진행하는 보트 투어보다는 가격대가 더 있지만, 보트의 컨디션과 안전성, 편안함에 있어서 훨씬 높은 퀄리티를 자랑한다. 또한 푸니쿨라 리프트가 설치되어 있어 힘들게 가파른 길을 오르내리지 않아도 된다.

❶ 마꾸꼬 사파리 입장

마꾸꼬 사파리에 들어가면 매표소에서 표를 구매하고 잠시 대기했다가 입구로 들어가게 된다. 전기 사파리 차를 타고 울창한 밀림을 잠시 달린다. 그리고 중간에 내려 알코올로 운행되는 지프 차로 갈아타고 조금 더 밀림을 즐기고 선착장에 내리게 된다.

❷ 리프트 탑승지

선착장에서 보관함을 대여할 수 있고, 그곳에 짐을 맡긴 후, 푸니쿨라 리프트를 타고 강으로 내려간다. 구명조끼를 착용하고 조심스럽게 보트에 탑승하면 이제 그동안의 스트레스를 모두 날려버릴 준비를 마친 것이다.

❸ 폭포 즐기기

쏟아지는 폭포를 한 번 맞으면 1년이 젊어진다는 말이 있다. 보통의 보트 투어는 3번 정도 폭포 아래로 들어가게 된다. 반응이 좋으면 몇 번 더 들어갈 수도 있을 것이다. 만약 10회 이상이나 폭포 아래로 들어갔다면 당신은 최고의 가이드와 여행사를 만난 것이다.

Tip | 흠뻑 젖을 준비를 하자!

옷 안에는 수영복을 챙겨 입는 것이 좋고, 겉에는 우비를 입도록 하자. 어차피 온몸이 젖겠지만, 수영복은 빠르게 마르고, 우비는 바람으로부터 몸을 보호해 준다. 투어가 끝난 후 탈의실에서 여벌옷으로 갈아입으며 마무리하면 좋다.

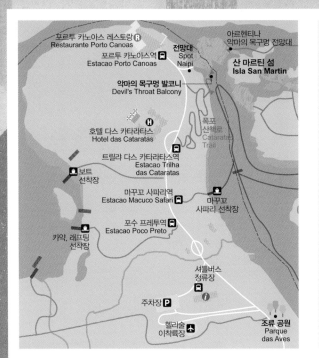

포르투 카노아스 레스토랑 ®
Restaurante Porto Canoas
포르투 카노아스역
Estacao Porto Canoas
전망대
Spot
Naipi
아르헨티나
악마의 목구멍 전망대
산 마르틴 섬
Isla San Martin
악마의 목구멍 발코니
Devil's Throat Balcony
폭포
산책로
Cataratas
Trail
호텔 다스 카타라타스
Hotel das Cataratas
트릴랴 다스 카타라타스역
Estacao Trilha
das Cataratas
보트
선착장
마꾸꼬 사파리역
Estacao Macuco Safari
마꾸꼬
사파리 선착장
포수 프레투역
Estacao Poco Preto
카약, 래프팅
선착장
셔틀버스
정류장
주차장 P
헬리술
이착륙장
조류 공원
Parque
das Aves

Tip | 빠지면 못 찾는다

보트의 힘이 생각보다 좋다. 물살도 생각보다 거세다. 이곳에서 손에 들고 있는 핸드폰이나 고프로 등의 촬영 기기를 물에 빠뜨린다면 절대 찾을 수 없다. 순식간에 손에서 사라지므로 보관함에 안전하게 보관하는 것이 좋다. 촬영보다는 그 순간에 흠뻑 빠져 온전히 즐기도록 하자.

★ 이과수의 레스토랑

브라질과 아르헨티나 국경에 있는 이과수는 아름다운 폭포와 다양한 야생 동물로 유명한 관광 명소이다. 이 지역의 레스토랑에서는 전체적으로 다양한 현지 요리를 맛볼 수 있으며 영어 메뉴판이 준비된 곳이 많아 편리하게 여행할 수 있다.

라 셀바 레스토랑
La Selva Restaurante

라 셀바 레스토랑은 아르헨티나 푸에르토 이과수 폭포 국립 공원 내에 있는 레스토랑으로, 자연 경관을 즐기며 식사할 수 있는 곳이다. 뷔페 스타일로 다양한 아르헨티나와 브라질 요리를 제공한다. 신선한 샐러드, 다양한 종류의 고기, 그리고 디저트까지 풍성한 메뉴가 준비되어 있다. 이과수 국립 공원 내에서 식사를 즐길 수 있어 관광객들에게 인기가 많다.

주소 Parque Nacional Iguazú, N3370 Puerto Iguazú
위치 푸에르토 이과수 국립 공원 내
운영 11:30~15:30   전화 +54 3757 49 1469

레스토랑 오리엔탈 FOZ
Restaurante Oriental FOZ

여행의 끝자락에 얼큰한 음식이 당기면 꼭 가야 할 곳! 이곳은 브라질 포즈 두 이과수 시내에 위치한 한식 중식당이다. 한국어 메뉴판이 있고 밑반찬으로 무려 김치가 나오는 곳으로 마치 한국에 있는 중식당에서 식사하는 기분을 낼 수 있다.

주소 R. Rui Barbosa, 997 - Centro, Foz do Iguaçu - PR
위치 포즈 두 이과수 센트로
운영 월~토 18:00~22:30, 매주 일요일 휴무
전화 +55 45 99126 4242
홈피 orientalfoz.com

4 소렐레 4 Sorelle

이탈리아 요리를 전문으로 하는 포즈 두 이과수의 인기 레스토랑이다. 다양한 파스타, 피자, 그리고 리조또를 제공하며, 신선한 재료와 정통 이탈리아 레시피로 조리된 요리를 맛볼 수 있다.

주소 R. Alm. Barroso, 1336 - Centro, Foz do Iguaçu - PR
위치 포즈 두 이과수 센트로
운영 11:30~14:30, 18:00~23:00
전화 +55 45 99984 7886
홈피 www.4sorelle.com.br

스시 혹카이 Sushi Hokkai

스시 혹카이는 포즈 두 이과수 센트로에 위치한 신선한 일본 요리를 맛볼 수 있는 스시 레스토랑이다. 다양한 재료로 만든 스시와 사시미를 제공하며, 정통 일본 요리를 즐길 수 있다. 영어 메뉴판이 제공되어 외국인 관광객들도 쉽게 이용할 수 있다.

주소 R. Mal. Deodoro, 544 - Centro, Foz do Iguaçu - PR
위치 포즈 두 이과수 센트로
운영 11:30~24:00   전화 +55 45 99921 6916
홈피 hokkaisushi.com.br

레스토랑 포르투 카노아스 Restaurante Porto Canoas

이과수 폭포 뷰 맛집! 이곳은 브라질 포즈 두 이과수 국립 공원 내에 위치한 레스토랑으로, 이과수 폭포의 멋진 전망을 자랑한다. 브라질 요리를 중심으로 한 뷔페 스타일 음식을 제공하며 특히 브라질 전통 요리인 페이조아다Feijoada와 빵 데 께쥬Pão de Queijo가 인기 메뉴이다. 넓은 실내 좌석과 야외 테라스 좌석을 제공하며, 폭포를 바라보며 식사를 할 수 있는 특별한 경험을 할 수 있다.

주소 Br 469 KM30, Foz do Iguaçu - PR
위치 포즈 두 이과수 국립 공원 내
운영 12:00~16:00
전화 +55 45 3521 4443

라파인 슈하스카리아 쇼
Rafain Churrascaria Show

라파인 슈하스카리아는 포즈 두 이과수에서 전통 브라질 바비큐와 함께 화려한 공연을 즐길 수 있는 곳이다. 이곳에서는 다양한 종류의 고기를 무제한으로 맛볼 수 있는 슈하스코 스타일의 음식을 제공하며, 브라질의 전통 음악과 춤을 감상할 수 있는 공연이 매일 저녁 열린다. 가족 단위 방문객들에게 특히 인기가 많고, 특별한 저녁을 원하는 이들에게 추천한다.

주소 Av. das Cataratas, 1749 - Vila Yolanda,
      Foz do Iguaçu - PR
위치 DoubleTree by Hilton에서 도보 약 20분
운영 11:30~16:00, 18:00~23:00
전화 +55 45 3523 1177
홈피 rafainchurrascaria.com.br

카스텔로 리바네스
Castelo Libanês

카스텔로 리바네스는 포즈 두 이과수에서 중동 요리를 맛볼 수 있는 레스토랑이다. 이곳은 정통 레바논 요리를 제공하며, 다양한 메제(소량의 전채 요리), 케밥, 그리고 향신료를 사용한 독특한 요리들이 준비되어 있다. 고풍스러운 인테리어와 편안한 분위기에서 식사를 즐길 수 있기에 현지인과 관광객 모두에게 사랑받는 곳이다.

주소 R. Vinícius de Moraes, 520 - Jardim Central,
      Foz do Iguaçu - PR
위치 Ibirapuera 공원에서 도보로 약 10분
운영 12:00~14:00, 18:00~21:30
전화 +55 45 3526 1218

02 리우데자네이루 Rio de Janeiro

리우데자네이루는 브라질의 대서양 연안에 자리한 활기찬 도시로, 역사적으로도 풍부한 유산을 자랑한다. 16세기에 포르투갈인들이 이곳에 정착해 그 이후로 많은 역사적 사건의 배경이 된 곳이다. 리우데자네이루는 노예 무역의 중요한 항구로 활동했던 곳으로서, 어두운 역사와 함께 현재의 번영을 이루어 냈다. 동쪽으로는 대서양, 서쪽으로는 산타 테레사가 인접한 이곳은 아름다운 해변과 활기찬 축제 분위기로 유명하며, 남아메리카 전체를 통틀어 가장 많은 외국인 방문객이 오는 도시이다. 리우데자네이루는 브라질의 문화적 중심지이자 대표적인 관광 명소로서, 코파카바나와 이파네마 해변이 도시의 아름다움을 한층 더 빛내고 있다. 또한, 코르바두산의 거대한 예수상과 빵산의 아름다운 전망대는 도시의 아이콘이 되어 많은 관광객의 사랑을 받고 있으며 브라질의 대표적인 축제인 카니발은 전 세계의 관광객들을 매료시키는 특별한 경험을 제공한다.

리우데자네이루 들어가기

이과수에 들어올 때는 아르헨티나로 들어왔지만, 나갈 때는 브라질에서 나가게 된다. 국내선 이동이므로 2시간 전에 도착하도록 하자. 리우데자네이루까지 직항으로 약 2시간 정도 소요된다.

✈ 항공

리우데자네이루에는 두 개의 주요 공항이 있다. 국제공항인 갈레앙 공항 Galeão International Airport과 국내선 항공편이 주로 운항하는 산투스 두몬트 공항Santos Dumont Airport이다. 이과수에서 출발해서 도착하게 될 리우의 공항이 어디인지 확인하자.

공항에서 이동하기

갈레앙 국제공항의 공항 코드명은 GIG. 시내에서 약 20km 떨어져 있으며, 브라질 내외의 주요 도시들과 연결된다. 국제선과 국내선을 모두 운항하며, 주요 항공사로는 라탐LATAM 항공, 골Gol 항공 등이 있다.

산투스 두몬트 공항의 공항 코드명은 SDU. 리우데자네이루 시내에서 불과 몇 킬로미터 떨어져 있어 공항에서 주요 관광지나 비즈니스 중심지로의 이동이 빠르고 쉽다. 위탁 수하물 무게는 라탐 항공 일반석 기준 20kg이며, 소요 시간은 약 2시간이다.

Tip | 리우데자네이루에서 꼭 해야 할 일!

1. 코파카바나, 이파네마 해변에서 여유롭게 산책하기
2. 빵산 케이블카를 타고 리우데자네이루 시내 전망 즐기기
3. 거대 예수상 아래서 사진 찍기
4. 보사노바 노래를 감상하며 슈하스코 즐기기
5. 세계 3대 축제 중 하나인 리우 카니발 감상하기

Tip | 짐 태그를 잘 확인하자

이과수에서 리우에 도착하는 여정의 항공권부터는 한국으로 돌아가는 국제선 티켓과 함께 묶여 있는 경우가 많다. 지금까지 잘 해 왔듯이 도착하는 공항의 코드명을 정확히 알고, 항공 티켓과 짐 태그를 꼭 확인하도록 하자. 그렇지 않으면 이과수에서 보낸 짐을 인천에서 만나게 될 수도 있다.

✳ 역사

리우데자네이루주는 1565년 3월 1일 포르투갈 탐험가 에스타시오 드 사 Estácio de Sá에 의해 설립되었다. 리우데자네이루는 1763년부터 1960년까지 브라질의 수도로 기능하며, 브라질의 정치, 경제, 문화 중심지로 발전했다. 초기에는 'São Sebastião do Rio de Janeiro'로 불렸으며, 이는 포르투갈 왕실을 기리기 위해 붙인 이름이다. 식민 지배를 당하는 동안 리우데자네이루는 남미에서 중요한 상업과 해운의 중심지로 성장했다. 19세기에는 커피와 사탕수수 수출의 중심지로 번성했으며, 도시 내에는 아름다운 건축물들이 세워졌다. 1822년, 브라질은 포르투갈로부터 독립을 선언했고, 리우데자네이루는 신생 공화국의 수도로 남았다. 20세기 중반, 브라질의 수도가 브라질리아로 이전되었으나, 리우데자네이루는 여전히 중요한 경제적, 문화적 중심지로 남아 있다. 오늘날 리우데자네이루는 브라질의 대표적인 대도시이자 문화적 허브로서 세계적으로 유명한 관광지이다.

✳ 지형

리우데자네이루는 해발 고도가 낮고, 산과 바다가 어우러진 독특한 지형을 가지고 있다. 해안선은 길게 펼쳐져 있으며, 아름다운 해변들이 위치해 있다. 태평양과 대서양 사이에 끼어 있는 리우데자네이루는 해양성 기후의 영향을 크게 받아 특히 여름철에 습도가 높이 올라간다.

✳ 날씨

리우데자네이루의 날씨는 연중 온화하고 두 계절로 나뉜다. 여름(12~3월)은 덥고 습하며, 평균 기온이 25℃에서 35℃ 사이이다. 이 시기에는 강한 햇볕과 고온 다습한 날씨가 지속되며, 해변을 즐기기에 좋다. 겨울(6~8월)은 서늘하고 건조하며, 평균 기온은 18℃에서 25℃ 정도이다. 겨울철에는 비교적 선선한 기후가 지속되어 활동하기 좋다.

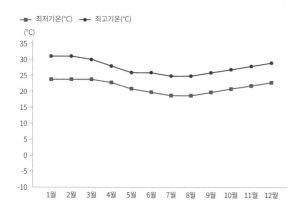

✖ 교통

리우데자네이루는 다양한 대중교통 시스템이 도시 안팎을 효율적으로 연결하고 있다. 지하철, 버스, 택시 외에도 최근 전동 자전거 및 스쿠터 공유 서비스 또한 도입되었으며, 바다에서는 페리를 이용해 출퇴근하는 사람들을 만날 수 있다.

메트로 리오 Metro Rio

리우데자네이루의 지하철은 빠르고 편리한 교통수단으로, 주요 관광지와 시내를 연결한다. 교통카드 RioCard를 이용해 승차할 수 있으며, 요금은 거리와 노선에 따라 다르다.

트램 VLT Carioca

2016년 리우데자네이루 올림픽을 계기로 도입된 친환경적 교통수단이다. 레일 위에서 배터리와 지하 케이블을 통해 전력을 공급 받아 운행되며, 시내의 주요 지점을 연결한다.

버스

리우데자네이루의 버스 시스템은 매우 광범위하며, 도시 내 모든 지역을 연결한다. 버스 요금은 거리와 버스 종류에 따라 다르며, 시내버스는 주로 교통카드를 이용해 승차할 수 있다.

택시

리우데자네이루의 택시는 미터제로 운영되며, 상대적으로 저렴한 편이다. 하지만, 안전 문제로 인해 우버 Uber와 같은 차량 공유 서비스를 이용하는 것을 권장한다.

---

more & more **세계 3대 축제, 리우데자네이루의 카니발!**

리우데자네이루 카니발 축제는 매년 2월 말부터 3월 초까지 열리며, 5일간 진행된다. 카니발은 브라질의 대표적인 음악 및 춤 장르인 '삼바'를 중심으로 진행되며, 다채로운 의상을 입은 사람들이 삼바를 추며 거리를 행진한다. 카니발의 주요 장소로는 오스카 니마이어 Oscar Niemeyer가 설계한 삼바드로모와 이파네마 해변이 있다. 삼바드로모는 약 700m의 길이와 폭 13m의 퍼레이드 트랙에서 각 삼바 학교들이 퍼포먼스를 선보인다. 이 외에도 해변가에서는 다양한 음악 공연과 대규모 파티가 열린다. 카니발 기간 동안 관광객이 몰리기 때문에 일정이 확정되면 가능한 빨리 숙소를 예약하는 것이 좋다. 또한, 대규모 이벤트에서는 도난이나 분실의 위험이 크게 증가하므로, 귀중품은 반드시 숙소에 보관하고 가방은 항상 앞쪽으로 메야 한다. 많은 사람들이 모이는 행사이므로 항상 주변을 주의 깊게 살피고, 모르는 사람이 주는 음식이나 음료를 받지 않도록 조심하자.

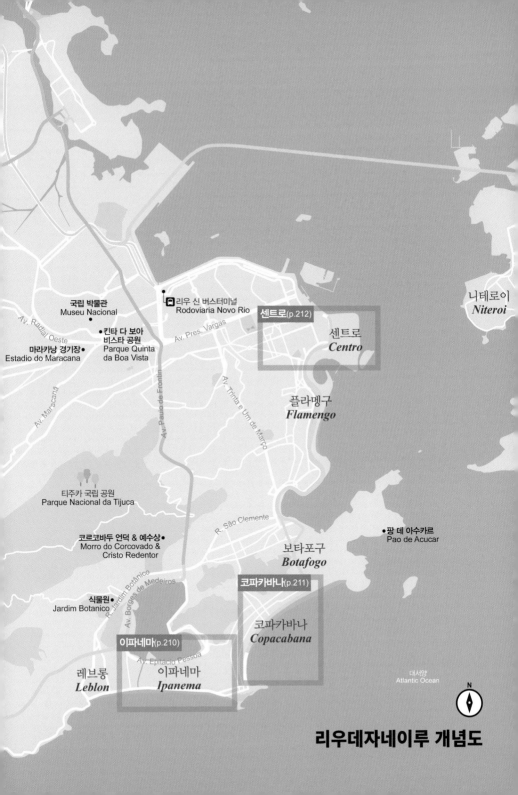

니테로이
Niteroi

국립 박물관
Museu Nacional

리우 신 버스터미널
Rodoviaria Novo Rio

센트로(p.212)

센트로
Centro

킨타 다 보아
비스타 공원
Parque Quinta
da Boa Vista

마라카낭 경기장
Estadio do Maracana

Av. Radial Oeste

Av. Pres. Vargas

Av. Maracanã

Av. Paulo de Frontin

Av. Trinta e Um de Março

플라멩구
Flamengo

티주카 국립 공원
Parque Nacional da Tijuca

R. São Clemente

팡 데 아수카르
Pao de Acucar

코르코바두 언덕 & 예수상
Morro do Corcovado &
Cristo Redentor

보타포구
Botafogo

식물원
Jardim Botanico

R. Jardim Botânico

Av. Borges de Medeiros

코파카바나(p.211)

코파카바나
Copacabana

이파네마(p.210)

Av. Epitacio Pessoa

레브롱
Leblon

이파네마
Ipanema

대서양
Atlantic Ocean

N

리우데자네이루 개념도

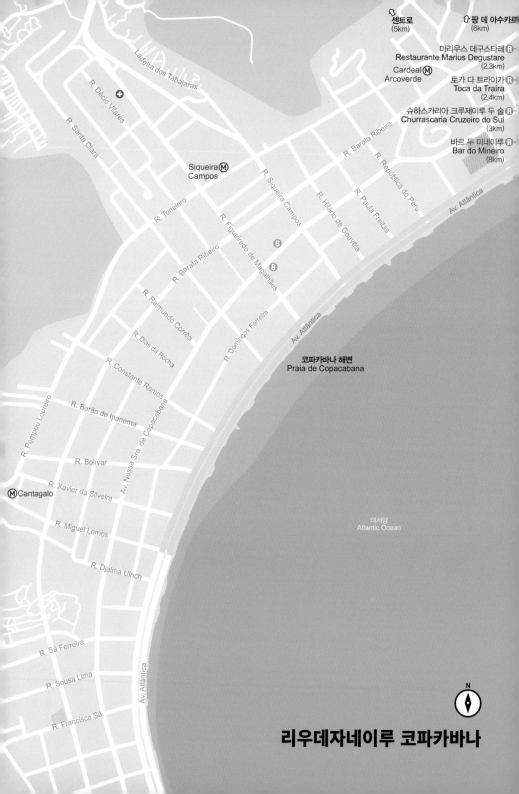

센트로
(5km)

팡 데 아수카르
(6km)

마리우스 데구스타레
Restaurante Marius Degustare (R)
(2,3km)

Cardeal (M)
Arcoverde

토카 다 트라이라
Toca da Traíra (R)
(2,4km)

슈하스카리아 크루제이루 두 술
Churrascaria Cruzeiro do Sul (R)
(3km)

바르 두 미네이루
Bar do Mineiro (R)
(8km)

R. Décio Vilares

Ladeira dos Tabajaras

R. Santa Clara

Siqueira (M)
Campos

R. Tonelero

R. Barata Ribeiro

R. Siqueira Campos

R. Figueiredo de Magalhães

R. Hilário de Gouvêia

R. Barata Ribeiro

R. República do Peru

R. Paula Freitas

Av. Atlântica

(B)

(B)

R. Raimundo Corrêa

R. Dias da Rocha

R. Domingos Ferreira

Av. Atlântica

코파카바나 해변
Praia de Copacabana

R. Constante Ramos

R. Pompeu Loureiro

R. Barão de Ipanema

Av. Nossa Sra. de Copacabana

R. Bolivar

(M) Cantagalo

R. Xavier da Silveira

R. Miguel Lemos

대서양
Atlantic Ocean

R. Djalma Ulrich

R. Sá Ferreira

R. Sousa Lima

Av. Atlântica

R. Francisco Sá

N

리우데자네이루 코파카바나

R. Sá Ferreira

R. Gomes Carneiro

R. Rainha Elisabeth

R. Joaquim Nabuco

R. Saint Roman

Jangadeiros

Ipanema/
General
Osório

Praça General
Osorio

R. Teixeira de Melo

R. Farme de Amoedo

Av. Epitácio Pessoa

R. Vinicius de Moraes

Av. Vieira Souto

R. Visc. de Pirajá

R. Joana Angélica

해스타우란치 이 바르 가로타 데 이파네마
Restaurante e Bar Garota de Ipanema

R. Barão de Jaguaripe

R. Nascimento Silva

R. Redentor

R. Barão da Torre

Praça Nossa
Senhora da Paz

R. Prudente de Morais

R. Maria Quitéria

Lagoa Rodrigo de Freitas

Av. Epitácio Pessoa

R. Garcia d'Ávila

에이치스턴
H. Stern

암스테르담
사우어 박물관
Museu
Amsterdam Sauer

R. Aníbal de Mendonça

Av. Vieira Souto

이파네마 해변
Praia de Ipanema

R. Paul Redfern

Av. Epitácio Pessoa

사물원
(2km)

N

리우데자네이루 이파네마

리우데자네이루 센트로

N

슈하스카리아
Churrascaria(1,400km)

마라카낭 경기장
(4km)

간타 다 보아 비스타 공원.
국립 박물관(3km)

칸델라리아 교회
Igreja de Nossa
Senhora da Candelaria

M Uruguaiana

R. do Mercado

R. Primeiro de Março

R. da Alfândega

R. do Ouvidor

R. do Rosário

R. do Carmo

Av. Rio Branco

R. da Assembléia

R. Sete de Setembro

R. São José

R. Gonçalves Dias

군스페스 지아스 거리
Rua Gonçalves Dias
B

11월 15일 광장
Praça 15 de
Novembro

치라덴치스 기념관
Palácio Tiradentes

Av. Pres. Antônio Carlos

Av. Nilo Peçanha

Av. Alm. Barroso

M Carioca

R. da Carioca

R. Uruguaiana

M Presidente
Vargas

Av. Pres. Vargas

R. dos Andradas

R. da Conceição

R. da Alfândega

R. Sr. dos Passos

R. Buenos Aires

R. da Constituição

R. Passos

R. Gonçalves Lédo

Praça da República

신투 안토니우 성당
Convento de
Santo Antonio

국립 미술관
Museu Nacional
de Belas Artes

시립 극장
Teatro
Municipal

R. México

R. Sen. Dantas

R. Álvaro Alvim

Cinelândia
M

R. Santa Luzia

Av. Pres. Wilson

Av. Beira Mar

Av. Gen. Justo

신투스 두몽 공항
Aeroporto Santos
Dumont

R. Jardel Jércolis

근대 미술관
Museu de Arte
Moderna(MAM)

플라밍구 공원
Parque do Flamengo

Av. Infante Dom Henrique

R. Augusto Severo

R. Teixeira de Freitas

R. da Lapa

R. do Passeio

R. Evaristo da Veiga

Av. República do Paraguai

R. de Santa Teresa

R. Joaquim Silva

셀라론 계단

Joaquim Murtinho

Av. República do Chile

메트로폴리탄 대성당
Catedral Metropolitana
de Sao Sebastio

R. da Relação

R. do Senado

R. dos Arcos

Av. Gomes Freire

R. do Lavradio

Av. Mem de Sá

R. dos Inválidos

R. do Rezende

R. Riachuelo

★ 리우데자네이루의 어트랙션

리우데자네이루는 세계 3대 미항으로 유명하다. 아름다운 해변을 끼고 다채로운 관광지를 둘러보자.

★★★
예수상 Corcovado - Christ the Redeemer

코로코바도산 정상에 있는 예수상은 리우데자네이루의 상징이다. 높이 30m의 이 거대한 예수상은 두 팔을 벌리고 있어, 마치 도시를 안아주는 듯한 모습을 하고 있다. 1931년에 완성된 이 조각상은 브라질의 국교인 가톨릭을 상징하며, 유네스코 세계 문화유산으로 등재되어 있다. 산 정상까지는 트램이나 셔틀버스를 이용할 수 있으며, 정상에서 바라보는 리우데자네이루의 전경은 그야말로 장관이다.

예수상을 제대로 볼 수 있을지는 현장에서 당일 기상을 확인해야 알 수 있다. 해발 고도 평균 50m 내외인 지역에서, 예수상이 있는 곳만 유일하게 710m이기에, 우기에 수시로 생성된 구름이 예수상을 가린다.

운영 **트램 탑승 시간**
월~금 08:00~17:00,
토~일 08:00~18:00(매 20분)

★★★
슈하스카리아 Churrascaria

브라질의 대표적인 고기 요리인 슈하스코를 즐길 수 있는 레스토랑이다. 다양한 종류의 고기를 꼬치에 끼워 숯불에 구워내며, 손님들이 원하는 만큼 고기를 맘껏 즐길 수 있다. 브라질 전통 방식으로 고기를 서빙하는 파사도르Passador가 테이블을 돌며 직접 고기를 썰어준다. 다양한 샐러드, 사이드 디시, 디저트와 함께 제공되어 풍성한 식사를 즐길 수 있다.

주소 Próximo a TV, Av. Calógeras, 207 - Centro, Campo Grande

★★★
메트로폴리탄 대성당 Catedral Metropolitana de São Sebastião

1976년에 완공된 이 현대적인 성당은 원뿔 형태의 독특한 외관을 자랑한다. 내부는 20,000명이 넘는 사람들을 수용할 수 있으며, 아름다운 스테인드글라스 창문이 돋보인다. 성당의 이름은 리우데자네이루의 수호성인 성 세바스티앙에서 따왔다. 성당 내부를 둘러보며 그 규모와 아름다움을 감상해 보자.

주소 Av. República do Chile, 245 - Centro, Rio de Janeiro

★★★
셀라론 계단 Escadaria Selarón

칠레 출신의 예술가 호르헤 셀라론Jorge Selaron이 1990년부터 자신의 집 앞 계단을 타일과 도자기로 꾸미기 시작해 완성한 작품이다. 215개의 계단이 2,000여 개의 타일로 장식되어 있으며, 각 타일은 전 세계에서 기부받은 것이다. 셀라론 계단은 리우데자네이루의 또 다른 상징으로, 관광객들에게 사진 촬영 명소로 인기가 높다.

위치 라파의 Joaquim Silva와 산타 테레사의 Pinto Martins 간 계단

★★★
팡 데 아수카르(빵산)
Pão de Açúcar

팡 데 아수카르(빵산)는 이름은 포르투갈어로 '설탕 빵'을 의미하는데 산의 꼭대기가 빵의 모양을 닮았기 때문이다. 이 산은 해발 396m 높이에 자리 잡고 있으며, 정상에서는 리우데자네이루의 해안선과 도시 전경을 한눈에 볼 수 있다. 빵산에 오르기 위해서는 케이블카를 이용하며, 케이블카는 우르카 언덕Morro da Urca을 경유해 빵산 정상까지 올라간다. 정상에서는 아름다운 일몰을 감상할 수 있어 로맨틱한 분위기를 느낄 수 있다.

주소 Av. Pasteur 520, Urca

리우데자네이루 시티 투어

리우데자네이루 시티 투어는 항구도시의 아름다움을 즐길 수 있는 특별한 경험이다. 예수상에서 시작해 슈하스카리아를 거쳐 리우데자네이루의 성당과 셀라론 계단을 방문하며, 마지막으로는 팡 데 아수카르산에서 도시의 환상적인 전망을 즐길 수 있다.

❶ 예수상

빵산과 함께 리우데자네이루를 상징하는 랜드마크! 예수상 아래에서 바라보는 전경은 잊을 수 없는 경험이 될 것이다.

❷ 슈하스카리아

리우데자네이루의 맛을 즐기기 위해 꼭 들려야 할 곳! 다양한 고기를 무한 리필로 즐길 수 있는 슈하스카리아에서 브라질 정통 바비큐를 만끽하자.

❸ 리우데자네이루 성당 + 셀라론 계단

성당의 독특한 건축 양식과 셀라론 계단의 화려한 타일 장식을 감상하며 리우데자네이루의 문화와 예술을 체험하자.

❹ 팡 데 아수카르산

케이블카를 타고 팡 데 아수카르산 정상에 올라가자. 리우데자네이루의 아름다운 해안선과 도심을 360도 파노라마로 감상할 수 있는 최고의 명소이다.

Special Tour

리우데자네이루 카니발

브라질 문화의 정수를 표현하는 삼바의 매력에 빠져들어 드럼의 리드미컬한 맥박에 몸을 맡겨 보자! 리우데자네이루 카니발Carnaval do Rio de Janeiro은 전 세계적으로 유명한 축제로, 브라질의 가장 큰 도시 리우데자네이루에서 사순절을 앞둔 매년 2월 말에서 3월 초 사이에 열린다.

✖ 삼바란?

삼바Samba는 브라질의 대표적인 음악 및 춤 장르로, 아프리카와 유럽의 다양한 음악적 전통이 융합되어 탄생했다. 삼바 춤은 빠르고 경쾌한 동작이 특징으로, 독특한 발 움직임과 허리의 회전이 강조된다.

✖ 일정

리우데자네이루 카니발은 매년 2월 말에서 3월 초에 걸쳐서 약 5일간 진행된다. 정확한 시작일과 종료일은 연도마다 다를 수 있다.

✖ 지역

삼바드로모Sambódromo

삼바드로모는 건축자 오스카 니마이어Oscar Niemeyer가 설계한 삼바 학교를 위한 퍼레이드 공간이다. 삼바드로모라고 불리는 큰 축제 장소에서 각 삼바 학교가 삼바 공연을 펼친다. 길이 약 700m, 폭 약 13m 퍼레이드 트랙을 따라 다양한 삼바 그룹들이 공연을 한다.

이파네마 해변

이 해변에서는 다양한 음악 공연과 함께 대규모 파티가 열린다. 해변가의 무대에서는 유명 아티스트들이 공연을 한다.

✖ 주요 이벤트

삼바 퍼레이드

카니발의 메인 이벤트는 삼바 퍼레이드다. 다양한 삼바 학교들이 독특한 의상을 입고 삼바를 추며 삼바드로모를 따라 행진한다. 각 삼바 학교는 자신의 주제와 색깔을 가지고 퍼포먼스를 한다.

길거리 축제

카니발 기간 동안 리우데자네이루의 거리와 광장은 축제 분위기로 넘쳐난다. 음악, 춤, 음식, 그리고 축제 분위기가 충만해 방문객들은 전통적인 브라질 음식을 즐기며 춤을 춘다.

✖ 카니발을 즐기기 위한 팁!

숙박과 교통

카니발 기간에는 관광객이 많아 숙소 예약이 어렵다. 일정이 확정되면 가능한 빨리 숙소를 예약하는 것이 좋다.

안전

대규모 이벤트에는 주로 도난이나 분실의 위험이 크게 증가하므로, 귀중품은 숙소에 보관하고 가방은 항상 앞쪽으로 메고 지퍼를 꼭 닫자. 많은 사람이 모이는 행사이므로 항상 주변을 주의 깊게 살피고, 모르는 사람이 주는 음식이나 음료를 받지 않도록 조심하자.

★ 리우데자네이루의 레스토랑

리우데자네이루는 브라질의 문화 중심지이자 관광객들이 많이 찾는 도시로, 다양한 음식 문화가 혼재되어 있다. 해변 쪽에 위치한 식당은 주로 관광객을 대상으로 한 해산물 메뉴를 중심으로 한다면, 시내에는 브라질의 다양한 지역 음식을 맛볼 수 있는 곳들이 있다. 특히, 브라질에 방문한다면 슈하스코Churrasco를 꼭 맛봐야 한다. 슈하스코는 브라질을 대표하는 전통 바비큐로 각기 다른 부위의 고기를 다양하게 맛볼 수 있다. 슈하스코를 제대로 즐기려면 슈하스카리아Churrascaria라는 전문 식당을 방문하는 것이 좋다.

마리우스 데구스타레 Restaurante Marius Degustare

코파카바나 해변에 위치한 고급 해산물 전문 뷔페로 랍스터, 오징어, 문어 등 신선한 해산물뿐만 아니라 소고기도 맛볼 수 있는 특별한 식당이다. 훌륭한 서비스와 화려한 실내 인테리어, 장식품들이 상당한 이목을 끌기에 관광객뿐만 아니라 현지인에게도 인기 있는 곳이다. 식당에 도착하면 손님에게 국적을 묻고 테이블에 깃발을 꽂아주는 것이 특징이다. 금액이 다소 비싸긴 하나 그만한 가치가 있는 곳이다.

주소 Av. Atlântica, 290 - Copacabana, Rio de Janeiro
위치 Novotel에서 도보 3분
운영 12:30~24:00
전화 +55 21 99879 8971
홈피 marius.com.br

헤스타우란치 이 바르 가로타 데 이파네마 Restaurante e Bar Garota de Ipanema

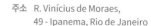

이곳은 이파네마 해변 근처에 있는 보사노바 장르의 대표적인 곡인 〈Girl from Ipanema〉가 탄생한 곳이다. 식당의 이름은, 이 노래에서 영감을 받은 것이다. 한국에서도 꽤 유명한 노래로 레스토랑 곳곳에 걸린 사진과 악보를 통해 작곡가의 흔적을 찾아볼 수 있다. 신선한 고기로 만든 슈하스코와 보사노바 음악을 즐길 수 있는 곳으로 관광객과 현지인 모두에게 인기가 많다.

주소 R. Vinícius de Moraes, 49 - Ipanema, Rio de Janeiro
위치 이파네마 해변
운영 11:00~24:00
전화 +55 21 2523 3787

토카 다 트라이가 Toca da Traíra

리우데자네이루의 인기 있는 레스토랑 중 하나이다. 이곳은 브라질 전통 요리 중 하나인 '트라이가^{Traíra}'라고 불리는 민물고기 요리로 유명하다. 식당의 분위기는 편안하고 친근한 편이며, 신선한 해산물과 특별한 브라질 음식을 즐길 수 있는 곳이다. 특히 '모께까^{Moqueca}'라고 불리는 특별한 트라이가 요리는 이 식당의 인기 메뉴 중 하나이다. 리우데자네이루에는 총 4개의 지점이 있을 만큼 현지에서도 인기 있는 식당으로 늦은 시간에 가면 인기 메뉴가 소진되는 경우가 있으니, 점심시간에 방문하는 것을 추천한다.

주소 Av. das Cataratas, 1749 - Vila Yolanda,
      Foz do Iguaçu - PR
위치 DoubleTree by Hilton에서 도보 약 20분
운영 11:30~16:00, 18:00~23:00
전화 +55 45 3523 1177
홈피 rafainchurrascaria.com.br

 슈하스카리아 크루제이루 두 술
Churrascaria Cruzeiro do Sul

리우데자네이루의 슈하스코 맛집! 슈하스코는 브라질의 전통적인 바비큐 스타일로 포르투갈어로 '고기 구이'를 의미한다. 소고기, 돼지고기, 닭고기, 양고기 등 다양한 육류를 사용하며 긴 꼬챙이에 꿰어서 조리한다. 다양한 종류의 고기를 선택해 먹을 수 있는 것이 특징이다. 샐러드바에 신선한 야채와 다양한 사이드 디시가 준비되어 있어, 더욱 풍성한 식사를 즐길 수 있다. 이곳에 방문한다면 양고기에 민트 젤리 소스를 곁들어 먹어보는 것을 추천한다.

주소 Av. Reporter
      Nestor Moreira,
      42 - Botafogo,
      Rio de Janeiro
위치 보타포구 해변 근처
운영 11:30~23:30
전화 +55 21 96732 0686
홈피 reservas.cruzeiro
      dosul.rio.br/
      reservas

 파젠돌라 Fazendola

이파네마 중심부에 위치한 레스토랑으로 일식, 꼬치요리, 퐁듀, 피자 등 다양한 요리를 뷔페식으로 제공된다. 그중에서도 매일 오후 6시 30분부터 화덕으로 구운 따끈따끈한 피자가 유명하며 가격도 매우 합리적이다.

주소 R. Jangadeiros, 14 - Ipanema, Rio de Janeiro
위치 Praça General Osório 근처
운영 11:30~24:00
전화 +55 21 2247 9600
홈피 fazendola.com.br

 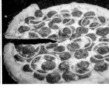

 바르 두 미네이루 Bar do Mineiro

바르 두 미네이루는 산타 테레사 지역에 위치한 브라질 전통 스튜인 페이조아다 맛집이다. 페이조아다는 검은콩과 돼지고기를 끓여 만든 브라질의 국민 음식으로 카레처럼 밥과 함께 먹는 음식이다. 한국에서는 쉽게 맛볼 수 없는 음식으로 리우데자네이루에 가면 한번 맛보는 것을 추천한다.

주소 Rua Paschoal Carlos Magno, 99 - Santa Teresa,
      Rio de Janeiro
위치 산타 테레사
운영 화~일 11:00~23:00, 매주 월요일 휴무
전화 +55 21 2221 9227
홈피 bardomineiro.net

Adiós 남미

길고 긴 여행의 끝이 보이지만 집으로 돌아가는 여정도 하나의 모험이 될 것이다. 마지막까지 긴장의 끈을 놓지 말고 안전하게 귀국하도록 하자.

✱ 항공

남미 여행을 브라질 리우데자네이루에서 마치고 인천으로 돌아간다면, 우선 상파울루로 이동해야 한다. 라탐 항공을 이용하는 경우 상파울루에서 대부분 카타르 도하를 경유하여 인천으로 들어가는데, 그 외 다른 도시를 경유할 수도 있다. 우선 리우에는 두 개의 주요 공항이 있다.

갈레앙 국제공항Galeão International Airport과 시내 중심에 위치한 산투스 두몽 공항Santos Dumont Airport이다. 갈레앙 국제공항의 공항 코드명은 GIG. 리우데자네이루 시내 중심에서 약 20km 떨어진 곳에 위치해 있다. 산투스 두몽 공항의 공항 코드명은 SDU. 국내선 운항을 하며, 리우데자네이루 시내 중심부에서 불과 5km 정도 떨어져 있어 접근성이 좋다. 상파울루행 항공권을 가지고 있더라도 리우의 공항이나 항공편이 바뀌는 경우가 있으므로, 공항이 GIG인지 SDU인지 핸드폰으로 구글 등에 항공 편명을 검색하고 공항으로 출발하자.

공항에서 이동하기

국내선 이동이지만 국제선까지 연결되는 보딩 패스를 모두 받을 수 있는 구간이므로 적어도 3시간 정도의 여유를 두고 공항에 도착하도록 하자. 국제선의 위탁 수하물 무게는 라탐 항공 일반석 기준 23kg이다. 경유지가 여러 곳인 연결 항공편을 가지고 있다면, 리우 공항에서 체크인할 때 모든 여정의 보딩 패스를 한 번에 받을 수 있지만, 상파울루행 보딩 패스를 제외하고는 사용이 어려운 보딩 패스인 경우가 많다. 즉 상파울루에 도착하면 카운터로 향하여 경유지행 보딩 패스 1장과 인천행 보딩 패스 1장을 다시 받는 것이 깔끔하다.

리우데자네이루에서 상파울로로

보딩 패스를 받고, 짐 태그에 최종 종착지인 인천의 공항코드 ICN이 적혀 있는지 반드시 확인해야 한다. 하지만 체크인 키오스크에서는 짐 태그가 제대로 나오지 않는 등 오류가 자주 생기는데, 항공사 카운터에서 바로 문제를 해결하는 것이 빠르지만, 키오스크에서 항공사 직원과 함께 오류 화면을 직접 보지 않으면 바로 카운터로 직행하긴 어렵다. 함께하는 인솔자나 가이드의 도움을 받으면 좋다. 리우에서 상파울루까지는 약 1시간 15분 소요된다.

상파울루에서 환승하기

상파울루에서의 환승은 이동 거리가 멀고, 보딩 패스를 다시 받아야 하는 번거로움이 있다. 게다가 남미 항공사의 오류도 많아서 이해할 수 없는 문제들이 생겨날 수 있다는 것을 미리 알고 있어야 한다. 우선 리우에서 연결 항공편의 보딩 패스를 모두 받았다 하더라도 상파울루에서 항공사 카운터를 찾아가 새로운 보딩 패스로 교환을 해야 한다. 보딩 패스를 새로 받지 못한 경우 비행기 탑승 게이트 앞에서 방송을 하며 새로운 보딩 패스로 교환을 해야 한다고 해당 승객들을 찾을 것이다. 그곳에서 안전하게 보딩 패스가 교환된다면 무리는 없겠지만, 출국 게이트로 가는 환승 통로에서 리우에서 받은 보딩 패스의 QR코드가 기능하지 않아 출국장으로 들어갈 수조차 없는 경우도 있다. 그럴 때는 환승 구역에서 빠져나와 항공사 카운터를 향해 달려가는 수밖에 없다. 어떤 일이든 생길 수 있으니 당황하지 말고 인솔자가 없을 경우에는 탑승할 항공사와 항공편을 기억하고 직원에게 도움을 요청하도록 하자.

거대 예수상 아래에서 새로운 출발 다짐하기

거대 예수상

브라질 리우데자네이루 랜드마크 거대 예수상은 남미 여행의 마지막 하이라이트다.
날이 좋으면 리우 시내에서도 저 멀리 예수상이 보인다. 코르도바도 언덕까지 빨간 기차를
타고 올라가는 길. 구름이 잔뜩 끼어 예수상을 보지 못할까 조마조마할 것이다. 바깥
풍경도 우중충해 보이기만 할 확률이 높다. 기차에서 내려 하늘을 올려다보면 신기할
정도로 구름이 빠르게 흩날리는 것을 볼 수 있다. 하염없이 고개를 들고, 예수상의 얼굴이
보일까 바라보다 보면, 빼꼼 얼굴을 내보여 주기도 한다. 그러다 어느 순간에는 선명한
얼굴을 당신에게 보여주는 순간이 올 수도 있다. 그도 아니라면 다음 방문을 기약하게 될
수도 있겠다. 지구 반대편 예수상과 나란히 서서 넓은 풍경을 한눈에 담다 보면 세상의
모습이 보인다. 예수상은 도시와 아름다운 해변, 빵산을 바라보고 있다. 예수상의 등
뒤로는 위험하기로 소문난 빈민가인 파벨라가 있다. 예수상, 화려한 도시, 해변, 그리고
빈민가… 그 극단적인 양면을 보고 있노라면 또 다시 많은 생각이 들기도 한다.

새로운 꿈

긴 여정이었다. 삶의 고단함도 여행의 고단함도. 모든 것을 끌어안고 드디어 이곳까지 온
것이다. 여행이란 비워내고 채움의 여정이 아닐까? 이번 여행에서 우리는 어떤 것을
비워내고 또 어떤 것을 채워 넣었을까.
그만하면 되었다. 지금껏 충분히 열심히 걸어왔으니. 가볍게 덜어내고 이제는 다른 꿈을
담아보자.
꿈꿔왔던 남미 여행은 어떠했는가?
당신의 새로운 꿈도, 그 길을 걸어갈 당신도 우리는 응원할 것이다.

쉽고 빠르게 끝내는
여행 준비
Step to Latin America

Step to Latin America ❶

쉽고 빠르게 끝내는 여행 준비

여행을 떠나기 전 가장 중요한 것은 짐 챙기기다. 짐 목록을 작성해 필수 물품을 체크하고, 날씨에 맞는 옷과 여행 필수 아이템을 준비하는 것이 중요하다. 먼저 여권과 비자를 확인하여 문제가 없도록 하고, 환전도 미리 해두어야 한다.

★ 남미 여행 필수 준비물

여행을 준비해 본 사람이라면 누구나 알 것이다. 여행의 시작은 목적지를 정하고, 비행기 표를 예매하고, 여행 정보를 살펴보며 가져갈 짐들을 챙기는 순간들. 여행을 꿈꾸며 가슴 설레오는 바로 그때 그 순간부터라는 것을. 가장 먼 지구 반대편으로 짧지 않은 여정을 떠나면서 과연 무엇을 챙겨야 할지 고민이 많을 것이다. 하지만 너무 걱정하지 말고 남미 전문가와 함께 찬찬히 하나씩 챙겨보도록 하자.

★ 여권

여권은 여행 출발일로부터 유효 기간이 6개월 이상 남아 있어야 한다. 분실에 대비해 여권 번호와 발급, 만료일, 비자의 발급 번호 등은 따로 적어 보관하고 항공권도 함께 복사해 놓는 것이 좋으며, 여권 분실 등에 대비해 여권 사진 2장도 준비하는 것이 좋다.

★ 비자

미국 경유 항공사를 이용하는 경우 관광비자(B1/B2)를 소지하거나 또는 전자여행 허가서(ESTA) 승인이 반드시 필요하다. 출발 한 달 전 인터넷으로 ESTA 승인을 받고, 1부 출력하여 여행 기간 동안 소지하도록 하자. 5개국 여행 중 비자가 유일하게 비자가 필요한 나라는 볼리비아다. 사전에 비자를 받을 수 있는 방법은 두 가지다.

❶ 서울 시청 앞 볼리비아 대사관에서 필요한 서류를 준비하여 직접 진행한다. 비용은 $30이다.
❷ 비자 발급 대행업체 볼리비아 비자 대행을 해주는 업체를 통해 발급받는 방법이 있다. 금액은 12만 원 정도로 개인이 비자를 받는 것은 매우 번거로우므로 대행사 발급을 추천한다.

★ 환전

남미에서는 카드 복제 우려가 있다. 또한 신용카드 사용이 제한적인 곳도 많다. 현지에서 사용할 금액은 미국 달러로 준비해 가도록 하자. 각 국가에 도착하여 달러를 현지 화폐로 조금씩 환전해서 사용하면 된다. 환전에는 50, 100달러짜리 신지폐가 유리하다. 1, 5, 10달러짜리 지폐들은 기사나 호텔 직원에게 줄 팁으로 사용하기 좋다.

★ 짐 꾸리기
❶ 가방 캐리어 1개 + 보조 가방 1개(꼭 지퍼가 있어야 한다)
배낭보다는 캐리어를 추천한다. 각 도시에 도착하면 차량을 이용해 호텔로 이동하여 캐리어는 호텔에 보관하고, 작은 가방에 간단

하게 짐을 꾸려 투어를 하도록 하자. 비행기 화물칸용 수화물은 국제
선의 경우 23kg까지(아르헨티나는 15kg까지) 가능하나 선물 등으로
짐이 늘어나는 경우가 많기에 처음부터 가볍게 가져가는 것이 좋다.
도난·파손 방지를 위해 본인 가방은 본인이 직접 챙겨야 하는 것이
원칙. 인천공항에서 체크인 전에 캐리어의 전면 사진을 꼭 찍어두도록
하자.

❷ 옷과 신발

남미 대륙을 전체적으로 둘러보기 때문에 어떤 시기에 가더라도 사계
절을 모두 만나게 된다. 따라서 사계절을 모두 대비하여 챙기도록 하
자. 일교차가 크다. 낮에는 덥고 저녁에는 쌀쌀하고 밤에는 춥다고 생
각하면 된다. 신발은 튼튼한 기능성 운동화나 세미 등산화 정도면 좋
다. 호텔에서나 물놀이 때 신을 크록스나 슬리퍼도 하나 챙기자. 가끔
분위기를 내거나 탱고 쇼에 입고 갈 우아한 한 벌의 드레스나 세미 정
장, 구두 한 켤레 챙긴다면 여행은 더욱 우아해질 것이다.

종류	세부 항목	체크	비고
수하물	위탁 수하물(화물칸용)		13kg 추천
	휴대 수하물(기내용)		5kg 추천
의류	반소매 2벌, 긴소매 2벌		기능성에, 주머니에 지퍼가 달리면 좋다.
	얇은 바지 2벌		
	두꺼운 바지 1벌		
	속옷 8벌		넉넉하게 챙기는 것이 좋다. 빨래를 하지 못하는 구간에서 스트레스를 줄일 수 있다. 추위를 잘 탄다면 내복도 한 벌 챙기면 좋다.
	양말 8켤레		
	우비		일회용 우비가 만만하지만 조금 가격대 있고 튼튼한 것을 구매해도 우산 대용으로 쓰거나 외투 대신 입을 수도 있어 여행 내내 든든할 것이다.
	수영복		우유니 투어 마지막 천연 온천이나 이과수 폭포 투어에서 입으면 좋다. 수영장이 있는 호텔에서도 사용할 수 있다. 부피가 작고 무겁지 않으니 꼭 챙겨가도록 하자.
	외투		기능성 바람막이 한 벌, 경량 패딩 한 벌을 챙기자. 추울 때는 얇은 옷을 겹겹이 껴입는 것이 좋다. 금세 더워질 수 있으니 하나씩 벗을 수 있도록 준비하자.
	잠옷		잠옷은 가볍게 한 벌, 따뜻하게 입을 수 있도록 한 벌 챙기자.
	모자		해를 가릴 수 있도록 챙이 넓고, 바람이 잘 통하는 모자를 하나 챙기자.

세면도구 화장품	수건		모든 호텔에 구비되어 있지만, 얇은 스포츠 타월 하나 정도 챙기면 어디서든 유용하다.
	화장품		기본적인 스킨·로션, 그리고 햇볕에 노출될 경우가 많으므로 자외선 차단제 SPE50+ 이상으로 준비하는 것이 좋다. 건조한 지역에서 사용할 립밤도 하나 챙기도록 하자.
	세면도구		대부분의 숙소에 세면도구가 비치되어 있으나 칫솔과 치약, 그리고 피부가 예민한 사람은 자신의 세안 도구를 챙기는 것이 좋다. 머리카락이 길다면 작은 린스를 하나 챙기면 아주 만족할 것이다. 우유니 현지 민박에서는 세면도구가 구비되어 있지 않으니 2~3일간 사용할 세면도구를 챙기도록 하자.
기타	드라이기 / 전기 포트		남미 호텔에는 커피포트와 드라이기가 구비되어 있지 않은 곳이 있으므로 필요한 사람은 준비해 가면 좋다. 특히 소형 전기 포트는 간단히 물을 끓이거나 한국 식품을 먹을 때 좋다.
	식품		개인의 취향에 따라 튜브형 고추장이나 참치 캔, 김 등 냄새가 나지 않는 음식으로 준비하면 된다. 물을 부어 먹는 건조된 국도 추운 지역에서는 최고의 아이템이다. 그러나 칠레 입국 전에 소비할 수 있을 정도로만 준비하는 것이 좋다. 칠레는 입국 시 음식물 반입이 금지되어 있다.
	보온용품		핫팩이나 보온 물주머니를 챙기면 혹시 감기에 걸리거나, 파타고니아 지역 투어를 할 때 요긴하게 사용할 수 있다.
	개인 상비약		소화제, 두통약, 감기약 등 고산 증세로 물갈이를 하거나 감기에 걸리는 경우가 많다. 고산증 약은 현지에서 구입할 수 있다.
	자물쇠		가방에 달린 지퍼를 잠글 수 있는 자물쇠를 챙기자. 여행 중 호텔에 짐을 맡길 때나, 이동 시 큰 짐에 항상 자물쇠를 채워두자. 비행기 수화물을 보낼 때도 잘 채워두어야 물건의 도난 분실을 예방할 수 있다. 미국을 경유하는 짐에는 채운 자물쇠는 보안 검색 중 파손될 수 있다.
	전자 / 전기 제품		호텔에서 충전이 가능하지만, 플러그가 다르다. 일부 호텔에서는 변환기를 대여할 수도 있지만 수량이 한정되어 있으므로 한국에서 미리 멀티플러그를 챙겨가는 것이 좋다. 우유니 사막에서는 충전하기 어려우니 여분의 배터리를 준비하고 전날 충전을 많이 한 후 우유니 투어에 참가하도록 하자.

★ 남미 입출국 Key Point

각양각색의 국가를 들르는 남미 여행은 그 까다로운 입출국 절차로 진입 장벽이 높아왔다. 하지만 여기 나온 핵심들만 파악한다면 남미 여행을 무리 없이 할 수 있을 것이다!

❶ 미국
미국을 경유한다면 반드시 ESTA를 미리 준비해 두어야 한다. ESTA가 없다면 한국에서부터 미국행 비행기를 탈 수가 없게 되어 있다(p.224 참조).

❷ 페루
페루는 따로 비자를 준비하지 않아도 입국할 수 있다 (p.51 참조).

❸ 볼리비아
볼리비아 비자는 한국에서 미리 준비해 가야 한다. 입출국 시에 세관신고서를 작성해야 한다(p.95, p.227 참조).

❹ 칠레
칠레 또한 따로 비자를 준비하지 않아도 입국할 수 있지만, 음식물 반입 규정에 주의하자. 입국 시에 세관신고서를 작성해야 한다(p.123 참조).

❺ 아르헨티나
아르헨티나도 따로 비자를 준비하지 않아도 입국할 수 있다(p.150 참조).

❻ 브라질
브라질도 따로 비자를 준비하지 않아도 입국할 수 있다(p.171 참조).

❼ 귀국(p.220 참조)

---

more & more **볼리비아 비자 발급**

한국 일반 여권 소지자는 반드시 볼리비아 입국 비자(관광비자)를 발급받아야 한다.

✚ 한국의 주한 볼리비아 다민족국가 대사관에서 비자 발급받기
비자 발급 시 구비서류
❶ 온라인 신청서
❷ 여권 사본 1부(유효기간이 최소 6개월 이상 남아 있어야 한다)
❸ 비자 신청서 (볼리비아 대사관 또는 영사관에서 제공하는 양식을 작성한다)
❹ 여권 사진 (최근 6개월 이내 촬영한 여권 사진, 3.5cm x 4.5cm)
❺ 비자 수수료 (30 USD 지참)
❻ 왕복 항공권 (볼리비아 또는 중남미 전체 인아웃 티켓)
❼ 숙소 예약 확인서
※비자 발급일로부터 180일 이내에 볼리비아 입국 필수, 30일짜리 단수비자

✚ 볼리비아 도착 시 도착비자 받기
육로 또는 항공으로 비자 없이 볼리비아 입국 시 약 100 USD 지불 시 도착비자(관광비자)를 발급받을 수 있다. 다만, 도착비자는 가격이 비싸고 시간이 오래 걸리기 때문에 미리 한국에서 비자를 받는 것이 좋다.

✚ 비자 발급 대행업체 이용하기
볼리비아 비자 발급을 대행하는 업체를 이용해 관광비자를 발급받을 수 있다. 비용은 대략 12만 원 정도로 개인적으로 비자를 신청해 발급받는 것이 생각보다 복잡하므로 비자 대행업체를 이용하는 것을 추천한다.

떠나기 전에 들러볼 필수 사이트 & 유용한 앱

남미 여행을 결심했다면 어느 나라, 어느 도시로 갈지 정하고 해당 국가의 여행 정보를 수집하자. 여행을 떠나기 전, 필수 사이트와 유용한 앱을 활용하면 더욱 편리하고 즐거운 여행을 할 수 있다. 다양한 정보를 미리 알아두면 현지에서의 경험이 한층 풍부해질 것이다.

★ 외교부 해외 안전 정보

외교부 해외 안전 여행 사이트는 해외 여행을 계획하는 한국 국민들에게 필수적인 정보를 제공하는 종합 포털이다. 이 사이트를 통해 여행 목적지의 여행경보 단계, 안전 정보 등 맞춤형 여행 정보도 제공받을 수 있다.

홈피 www.0404.go.kr/dev/main.mofa

★ 질병관리청 해외 감염병 정보

질병관리청 해외 감염병 정보 사이트는 해외 여행을 계획하는 한국 국민들에게 필수적인 건강 정보를 제공하는 포털이다. 이를 통해 여행 목적지의 감염병 유행 상황, 예방 접종 정보, 여행 중 주의사항 등을 확인할 수 있다.

홈피 www.kdca.go.kr

★ 남미여행 필수 앱

구글맵 Google Maps
해외 여행 필수 지도 앱. 경로 찾기, 대중교통 정보, 거리 보기 기능은 물론 가고 싶은 곳을 미리 살펴볼 수 있다.

파파고 Papago
텍스트, 음성, 카메라로 실시간 번역이 가능한 앱으로, 언어 장벽을 극복하는 데 큰 도움을 준다.

우버 Uber
남미 주요 도시에서 비교적 안전하게 이동할 수 있는 택시 앱으로 미리 요금을 확인할 수 있어 편리하다.

커런시 Currency
실시간 환율 정보를 제공하며, 다양한 통화를 쉽게 변환할 수 있는 앱이다.

영사콜센터
외교부에서 제공하는 해외에 거주하거나 여행 중인 한국 국민이 긴급 상황에서 도움을 받을 수 있도록 지원하는 앱이다. 무료 통화 연결 서비스, 통역 서비스(7개 국어) 등 긴급 상황 시 외교부와 빠르게 연락할 수 있다.

---

more & more **남미 여행 기간 인터넷 연결 안내**

✛ 유심
남미는 다른 나라처럼 멀티 유심 카드가 없다. 나라별로 유심을 별도로 구매해야 하므로, 기본적으로 유심 카드 사용을 추천하지 않는다.

✛ 와이파이
대부분의 여행자들이 와이파이를 이용해 인터넷을 사용한다. 남미에서 묵는 호텔 대부분에서 와이파이 사용이 가능하지만, 남미의 통신망 수준이 한국에 비해 많이 떨어지므로, 투숙객이 많이 사용하는 저녁 시간에 와이파이 끊김 현상이 벌어지거나, 객실 내 연결이 제한되어 공동 구역(로비/레스토랑)에서만 사용 가능한 경우가 있다. 우유니 투어 2박째 숙소에서는 와이파이 사용이 어려우며, 일부 지역은 와이파이가 불안정할 수 있다. 여행 중의 카페, 레스토랑 등에서도(요청 시) 와이파이 이용이 가능하다. '도시락 와이파이'도 이용이 가능하나 매일 들고 다니기에 번거로울 수 있으며 인터넷이 안되는 곳은 사용이 불가능하다.

✛ 데이터 로밍
남미 여행 중에는 유심보다는 로밍을 추천한다. 로밍은 통신사 홈페이지나 공항에 위치한 통신사에서 신청이 가능하다.

KT 추천 로밍 상품
• 데이터 함께ON 글로벌 4GB(30일간 8GB 이용 44,000원)
홈피 globalroaming.kt.com

SKT 추천 로밍 상품
• Baro 요금제 3GB(30일간 3GB 이용 29,000원)
• Baro 요금제 6GB(30일간 3GB 이용 39,000원)
홈피 troaming.tworld.co.kr

LG 추천 로밍 상품
• 제로 라이트 4GB(최대 30일간 4GB 이용 39,000원)
• 제로 라이트 8GB(최대 30일간 8GB 이용 63,000원)
홈피 lguplus.com/plan/roaming

※세 상품 모두 볼리비아에서는 사용하기 어려우며, 국립 공원 등에서는 사용이 불가능하다.

Step to Latin America 03
남미의 식문화

남미는 다양한 기후와 지형 덕분에 매우 풍부하고 다양한 식문화를 가지고 있다. 국가마다 독특한 음식과 요리 방법을 자랑하지만, 공통적으로 남미 식문화는 신선한 재료, 강렬한 향신료, 그리고 전통적인 요리법이 조화를 이루고 있다.

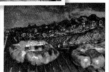

★ 남미 식문화의 역사적 배경

남미 음식 문화는 토착 인디언의 전통과 스페인, 포르투갈, 아프리카, 아시아 등 다양한 문화의 영향을 받아 발전했다. 페루의 경우, 스페인의 정복 이전 잉카 문화와 스페인 정복 이후의 스페인 문화, 그리고 최근의 아시아 이민자들의 영향을 받아 독특한 퓨전 요리가 많이 발달했다. 브라질은 포르투갈 식민지 시대의 영향과 아프리카 노예 무역으로 인해 다양한 요리법이 혼합된 독특한 음식 문화를 가지고 있다.

★ 남미 음식의 특징

✦ 주식은 쌀과 옥수수이다

남미의 주식은 쌀과 옥수수이다. 페루와 브라질에서는 쌀이 주식으로 많이 소비되며, 특히 페루에서는 다양한 쌀 요리가 발달해 있다. 옥수수는 중남미 지역에서 주식으로 널리 사용되며, 아르헨티나와 칠레에도 옥수수 기반의 음식이 많이 소비된다. 타말, 아레파, 엠파나다 등의 옥수수 기반의 요리가 대표적이다.

✦ 다양한 고기 요리

남미는 다양한 축산물이 풍부한 지역으로, 특히 아르헨티나와 브라질의 소고기 요리는 세계적으로 유명하다. 아르헨티나의 아사도^{Asado}는 대표적인 바비큐 요리로, 다양한 부위의 고기를 숯불에 구워 먹는다. 브라질의 슈하스코^{Churrasco}는 비슷한 바비큐 요리로, 레스토랑에서 꼬치에 꽂은 고기를 테이블에서 바로 썰어주는 방식으로 유명하다.

✦ 풍부한 감자와 고구마

남미는 감자와 고구마의 원산지로, 다양한 품종이 재배되고 있다. 페루의 안데스산맥 지역에서는 2,500종 이상의 감자가 재배되며, 감자를 이용한 요리가 매우 발달해 있다. 식재료가 풍부하지 않은 볼리비아에서는 감자가 매우 중요한 식재료이다.

✦ 신선한 열대 과일

남미 지역에서는 한국에서는 보기 힘든 다양한 열대 과일이 생산된다. 특히 브라질과 페루는 열대 과일의 천국으로 불릴 만큼 다양한 과일이 일 년 내내 생산된다. 망고, 파파야, 아보카도, 패션프루트 등이 대표적이다. 루꾸마, 치리모야, 그라나디야, 탁쏘 등 남미 여행 중 한국에는 없는 신기한 과일들을 쉽게 찾아볼 수 있을 것이다.

★ 다양한 남미의 음식

남미 대륙은 풍부한 자원과 다채로운 문화가 어우러진 곳으로, 그만큼 음식 문화도 독특하고 매력적이다. 나라별로 다양한 식재료와 조리법이 전해져 내려오며, 독창성과 맛의 조화로 전 세계 미식가들의 입맛을 사로잡고 있다. 맛의 대륙, 남미의 다양한 음식을 경험해 보자.

❶ 세비체^{Ceviche}

세비체는 페루의 대표적인 요리로, 신선한 생선이나 해산물을 라임 주스, 양파, 고추와 함께 버무린 후 생으로 먹는 음식이다. 신선하고 상큼한 맛이 특징이며 주로 고수와 옥수수, 고구마를 곁들여 먹는다.

❷ 꾸이^{Cuy}

페루를 비롯한 안데스 지역의 기니피그 요리이다. 일반적으로 소금, 마늘, 후추 등 기본적인 양념을 사용하며 통째로 굽거나 튀겨서 조리한다. 닭이나 돼지보다 맛이 좀 더 특이하고 풍미가 가득하고 비타민 B와 철분이 많이 포함되어 있어 영양가가 높은 음식이다.

❸ 트루차^{Trucha}

트루차는 안데스산맥의 고산지대에서 많이 서식하는 송어를 뜻한다. 주로 볼리비아에서 많이 소비되며 구이, 튀김, 찜으로 조리하며, 신선한 채소나 감자와 함께 제공된다. 한국인 입맛에는 구이가 가장 잘 맞으며 레몬을 뿌려 먹으면 비린내는 잡히고 송어의 고소한 맛이 잘 느껴진다.

❹ 깔도 데 마리스코^{Caldo de Marisco}

다양한 해산물을 사용한 마치 한국의 해물 뚝배기와 유사한 요리다. 칠레의 대표적인 요리로 남태평양의 신선한 해산물의 맛이 국물에 진하게 배어 나온다. 해산물 자체의 맛을 느끼기 위해 소금으로만 간을 하는 편이다.

❺ 페이조아다^{Feijoada}

브라질의 대표적인 전통 요리로, 검은콩과 돼지고기 부속을 주재료로 한 스튜이다. 포르투갈에서 유래된 요리로 밥과 함께 곁들여 먹는다. 브라질의 국민 음식으로, 주말이나 특별한 날에 많이 먹는다.

❻ 엠파나다^{Empanada}

스페인과 포르투갈에서 유래된 음식으로, 남미 전역에서 사랑받는 간식이다. 밀가루 반죽 속에 고기, 치즈, 야채 등 다양한 재료를 넣고 구운 파이 형태의 음식이다. 나라와 지역마다 만드는 스타일이 조금씩 달라 각 지역에서 다양한 엠파나다를 맛보길 바란다.

Step to Latin America④
남미의 음료

드넓은 남미 대륙의 다양한 나라만큼이나 나라별로 마실 거리가 풍부하다. 대표적인 주류인 와인과 페루 전통 음료인 옥수수 발효주, 포도 증류수를 기본으로 한 칵테일까지 다양한 맛을 음미해 보자.

★ 커피 Café

남미는 세계적인 커피 생산지로, 특히 브라질은 150년 이상 세계 최대의 커피 생산국이자 수출국이다. 브라질의 광활하고 다양한 지형 덕분에 각 지역의 커피는 독특한 질감, 향, 단맛, 풍미를 자랑한다. 브라질 커피는 아라비카Arabica와 로부스타Robusta 두 가지 주요 품종이 생산된다. 아라비카는 고지대에서 재배되어 부드럽고 풍부한 맛을 제공하며, 로부스타는 강한 쓴맛과 높은 카페인 함량을 가지고 있어 주로 에스프레소 블렌드에 사용된다.

★ 마테차 Mate

아르헨티나에서는 마테차가 매우 중요한 문화적 음료이다. 마테차는 마테 나무의 잎을 말려 우려낸 차로, 강한 쓴맛과 흙 내음이 나는 것이 특징이다. 카페인, 비타민 A, B, C, E, 칼슘, 철, 마그네슘, 칼륨 등 다양한 영양소를 함유하고 있기 때문에 에너지를 높이고 집중력을 향상시키며, 항산화 작용을 통해 면역 체계를 강화하는 데 도움을 준다. 실제로 아르헨티나 축구팀은 2022년 카타르 월드컵에서 약 500kg의 마테차를 가져가면서 마테차가 월드컵 우승 비결이라는 이야기도 생겨났다.

★ 와인 Vino

남미 대륙은 다양한 지리적 조건과 기후로 인해 탁월한 와인 생산지로 자리매김하고 있다. 특히, 아르헨티나는 말벡Malbec으로 잘 알려져 있으며 부드럽고 깊은 색감을 지니고 있는 것이 특징이다. 안데스산맥의 높은 고도와 풍부한 햇빛은 말벡 포도에 최적화된 성장 환경을 제공한다. 칠레의 대표적인 와인 품종은 카르메네르Carmenere 와인으로 칠레에서만 생산되기 때문에 여행 중 식당에서 카르메네르 와인 한 잔을 곁들여 마셔보자.

★ 치차 모라다 Chicha Morada

페루의 전통 음료로, 자색 옥수수Maiz morado를 주재료로 사용한다. 옥수수를 끓여 만든 베이스에 파인애플 껍질, 계피, 정향 등을 함께 끓인 후, 설탕과 라임 주스를 추가해 차갑게 마시는 달콤한 음료다.

★ 잉카 콜라 Inca Kola

페루에서 만들어진 샛노란 빛을 띠는 탄산음료로, 페루 국민 사이에서 아주 사랑받는 음료이다. 잉카 콜라는 석류와 다른 비밀 재료를 사용해 만들어지며 맛은 크림소다와 비슷하다.

★ 피스코 사워 Pisco Sour

피스코 사워는 페루와 칠레에서 인기 있는 칵테일이다. 포도 증류주를 기본으로 하며, 여기에 라임 주스, 설탕, 달걀흰자, 얼음을 섞어 만든다. 남미의 대표적인 술로서 세비체 등 해산물 요리와 특히 잘 어울린다.

★ 카이피리냐 Caipirinha

브라질의 대표적인 칵테일인 카이피리냐는 카샤사Cachaça라는 사탕수수로 만든 증류주를 주재료로 하며, 여기에 라임, 설탕, 얼음을 섞어 만든다. 상큼한 맛이 특징이며 식전주로 많이 마신다.

남미의
역사

5천 년 이상의 긴 역사를 가진 남미. 잉카 제국부터 스페인 정복 시대, 현대에 이르기까지, 남미는 많은 역사적 변화를 겪어 왔다. 남미의 역사는 각 시대의 특징과 함께 주요 사건들을 중심으로 나눌 수 있다. 이러한 역사적 배경을 이해하면서 현재 남미 사회의 형성 과정을 더 깊이 이해할 수 있다.

1 | 선사 시대와 초기 국가의 성립

남미의 선사 시대는 약 15,000년 전으로 거슬러 올라가며, 제4기 빙하기 말 인간이 이 대륙에 정착한 시기부터 시작된다. 이 시기의 대표적인 유적은 페루의 카랄 Carar 유적지로, 약 5,000년 전에 건설된 것으로 추정된다. 이 유적은 남미에서 가장 오래된 도시 중 하나로, 초기 문명의 흔적을 보여준다. 카랄 유적지는 초기 남미 문명의 사회 조직과 건축 기술을 엿볼 수 있는 중요한 자료이다.

2 | 고전기 문명

고전기 남미 문명은 주로 안데스산맥과 메소아메리카 지역에서 발달하였다. 잉카 제국은 그중에서도 가장 잘 알려진 문명 중 하나로, 현재의 페루, 에콰도르, 볼리비아, 칠레, 아르헨티나 일부를 포함한 넓은 영역을 통치했다. 잉카 제국은 15세기 중반에 창건되어 16세기 초까지 번성했다. 마추픽추 Machu Picchu는 잉카 제국의 대표적인 유적으로, 그들의 뛰어난 건축 기술과 농업 시스템을 잘 보여준다.

3 | 스페인 정복과 식민지 시대

1492년 크리스토퍼 콜럼버스가 아메리카 대륙을 발견한 이후, 남미는 스페인의 식민지가 되었다. 이 시기는 16세기 초부터 19세기 초까지 이어졌으며, 스페인 정복자들은 잉카 제국과 아즈텍 제국을 무너뜨리고 남미 전역에 식민지 정부를 세웠다. 스페인은 금, 은과 같은 귀금속을 착취하기 위해 강제 노동과 노예 제도를 시행했으며, 이는 많은 원주민들의 생명과 문화를 파괴했다. 스페인 식민지 시대에는 가톨릭교회가 큰 영향을 미쳤으며, 이 시기에 많은 교회와 성당이 건설되었다. 또한, 스페인어와 포르투갈어가 남미 대륙의 주요 언어로 자리 잡게 되었으며 18세기 후반부터 유럽에서의 계몽사상과 북미 독립 전쟁의 영향을 받아 남미에서도 독립에 대한 열망이 커졌다.

4 | 독립운동과 근대

19세기 초, 남미 전역에서 독립운동이 일어났다. 시몬 볼리바르 Simón Bolívar는 북부 남미 지역에서, 호세 데 산 마르틴 José de San Martín은 남부 지역에서 독립운동을 이끌었다. 볼리바르는 베네수엘라, 콜롬비아, 에콰도르, 페루, 볼리비아의 독립을 이끌었고, 산 마르틴은 아르헨티나, 칠레, 페루의 독립에 중요한 역할을 했다. 이들은 스페인 군대를 상대로 한 수많은 전투에서 승리를 거두었으며, 1820년에 대부분의 남미 국가는 독립을 이루게 되었다. 독립 이후 남미는 정치적, 경제적 혼란기를 겪었다. 새로운 국가들은 독립 초기에는 군사 정권과 내전을 경험했으며, 안정된 민주주의를 이루기까지 오랜 시간이 걸렸다.

5 | 독립 이후 및 현재

독립 이후 남미의 역사는 정치적, 경제적, 사회적 변화를 통해 현대 사회로 발전해 왔다. 각국은 독립 초기에는 강력한 중앙집권 정부를 수립하고자 했으나, 이는 자주 군사 쿠데타와 내전으로 이어졌다. 20세기 중반에는 미국과 소련 간의 냉전 영향 아래서 다양한 정치적 변화를 겪었으며, 특히 1960~1970년대에는 많은 남미 국가에서 군사 독재가 성행했다. 아르헨티나, 브라질, 칠레 등 여러 국가는 군사 정권 아래서 인권 침해와 정치적 억압을 겪었다. 예를 들어, 1973년 칠레에서는 아우구스토 피노체트 장군이 군사 쿠데타를 일으켜 대통령 살바도르 아옌데를 축출하고 독재 정권을 수립했다. 1980년대 이후 남미는 민주화 물결을 타고 여러 국가가 군사 정권을 종식하고 민주 정부를 수립했다. 브라질은 1985년 민간 정부로의 이양을 이루었고, 아르헨티나는 1983년 민주주의를 회복했다. 1990년대 이후에는 민주화와 경제 개혁을 통해 점차 안정된 사회를 이루어 가고 있으며, 브라질, 아르헨티나, 칠레 등의 국가들은 경제 성장을 이루고 있다. 이러한 민주화 과정은 정치적 안정과 경제 성장을 가져왔으며, 특히 2000년대 들어 많은 남미 국가가 국제 경제 무대에서 중요한 역할을 하게 되었다. 현재 남미는 다양한 문화와 역사적 배경을 바탕으로 독특한 사회를 형성하고 있다. 각국은 식민지 시대의 유산과 함께 독립 이후의 발전 과정을 통해 현재의 모습을 갖추게 되었다. 문화적으로는 원주민, 유럽, 아프리카, 아시아 문화가 혼합되어 풍부한 문화적 다양성을 보여주고 있다. 경제적으로는 브라질, 아르헨티나, 칠레 등의 국가들이 주요 경제 대국으로 부상하며, 농업, 광업, 제조업 등 다양한 산업에서 성과를 거두고 있다.

서바이벌
스페인어

스페인어는 발음과 철자가 비교적 일관성이 있어, 단어를 철자 그대로 발음하면 된다. 스페인어는 여행자들이 배우기 쉽기에 간단한 문장을 외워서 현지인들에게 좀 더 친근하게 다가가 보자. 영어가 통하지 않을 경우, 스마트폰의 번역 애플리케이션을 활용하는 것도 아주 좋은 방법이다.

★ 인사

(만날 때)안녕하세요	¡Hola![올라]
(헤어질 때)안녕히 계세요	Adiós[아디오스]
오전 인사	Buenos días[부에노스 디아스]
오후 인사	Buenas tardes[부에나스 따르데스]
저녁 인사	Buenas noches[부에나스 노체스]
만나서 반갑습니다	Mucho gusto[무초 구스또]
잘 지내요?	¿Cómo estás? · ¿Qué tal? [꼬모 에스따스? · 께딸?]
아주 좋아요, 당신은요?	Muy bien · ¿y tú? [무이 비엔, 이 뚜?]
실례합니다	Disculpe · Perdón [디스꿀뻬 · 뻬르돈]
정말 감사합니다	Muchas gracias [무차스 그라시아스]
천만에요	De nada[데 나다]
나의 이름은 OO입니다	Me llamo OO[메 야모 OO]
영어 할 줄 아세요?	¿Hablas inglés? [아블라스 잉글레스?]
스페인어 못 해요	No hablo español [노 아블로 에스파뇰]
잘 모르겠어요	Yo no entiendo[요 노 엔띠엔도]
몰라요	No sé[노 쎄]

★ 쇼핑 시

얼마입니까?	¿Cuánto cuesta? [꾸안또 꾸에스따?]
너무 비싸요	Es muy caro[에스 무이 까로]
이걸로 할게요	Voy a tomar esto [보이 아 또마르 에스또]
좀 깎아주세요	Descuento, por favor [데스꾸엔또, 뽀르 파보르]
카드로 지불할 수 있나요?	¿Puedo pagar con tarjeta? [뿌에도 빠가르 꼰 따르헤따?]

★ 음식점에서

메뉴판 주세요	El menú · por favor[엘 메누 · 뽀르 파보르]
계산서 주세요	La cuenta, por favor[라 꾸엔따, 뽀르 파보르]
영어 메뉴가 있나요?	¿Tienen un menú en inglés?[띠에넨 운 메누 엔 잉글레스?]
고수를 넣지 말아 주세요	Sin cilantro, por favor[씬 씰란뜨로, 뽀르 파보르]
메뉴를 추천해 주실 수 있나요?	¿Puede recomendarme?[뿌에데 레꼬멘다르메?]
덜 짜게 해주세요	Menos sal, por favor[메노스 쌀, 뽀르 파보르]
맥주 한 잔 주세요	Una cerveza, por favor[우나 쎄르베싸, 뽀르 파보르]
물 주세요	Agua, por favor[아구아, 뽀르 파보르]
화장실은 어디에 있나요?	¿Dónde está el baño?[돈데 에스따 엘 바뇨?]
와이파이를 사용할 수 있나요?	¿Puedo usar el WiFi?[뿌에도 우사르 엘 와이파이?]

★ 이동할 때

~가 어디에 있나요?	¿Dónde está ~?[돈데 에스따~?]
얼마나 걸리나요?	¿Cuánto tiempo se tarda?[꾸안또 띠엠뽀 쎄 따르다?]
어디로 가나요?	¿A dónde va?[아 돈데 바?]
입구/출구	Entrada/Salida[엔뜨라다/살리다]
몇 시에 출발하나요?	¿A qué hora sale?[아 께 오라 쌀레?]
몇 시에 도착하나요?	¿A qué hora llega?[아 께 오라 예가?]
~로 가고 싶습니다	Quiero ir a ~[끼에로 이르 아 ~]

★ 필수 단어

공항	Aeropuerto[아에로뿌에르또]	도둑	Ladrón[라드론]
경찰	Policía[폴리씨아]	호텔	Hotel[오텔]
역	Estación[에스따씨온]	은행	Banco[방꼬]
병원	Hospital[오스삐딸]	화장실	Baño[바뇨]
여권	Pasaporte[빠싸뽀르떼]	물	Agua[아구아]
약국	Farmacia[파르마씨아]	환전, 환전소	Cambio[깜비오]
식당	Restaurante[레스따우란떼]	한국	Corea del Sur[꼬레아 델 수르]

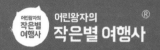

어른들의 우아한 남미여행

남미 한붓 그리기
28 DAYS

페루
리마 IN
마추픽추
피스코(나스카라인)
와카치나
쿠스코
볼리비아
브라질
라파즈
우유니
산페드로 아타카마
깔라마
칠레
리우 O
이과수폭포
아르헨티나
산티아고
부에노스
아이레스
엘칼라파테
토레스 델 파이네
푸에르토 나탈레스
푼타아레나스
우수아이아

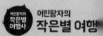